# 45 招
# 贏得職場躺平權

專業表現不失手，個人形象人設佳，適時曝光求關注

郭艾珊 —— 著

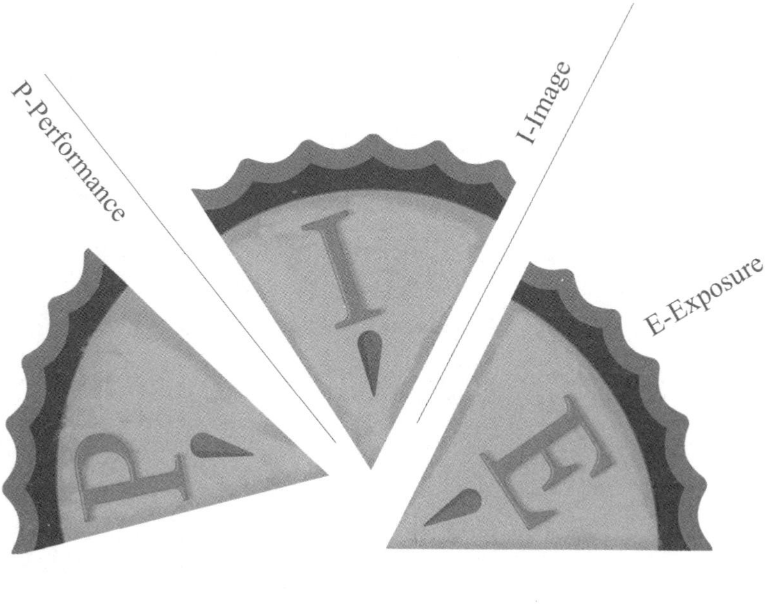

推薦序

# 讓公司服務於你，而不是你服務公司

文／林浩賢（領導力教練）

看舊同事艾珊寫的新書《45招贏得職場躺平權》，讓我心臟一直怦怦跳。就像是一個老朋友邀請我上了她的時光機，帶著我一齊回到我們的職場起點P&G，再經歷一次職涯頭十年闖蕩江湖時當中的高低起伏，一幕又一幕有血有淚的職場畫面不斷浮現。

我一邊看一邊會心微笑，那些情境怎麼這樣巧我也經歷過？怎麼艾珊應對的招數比我聰明那麼多？她建議大家在職場上廣結善緣時，不要只顧往高層看，更要多多尊敬「辦公室三寶」：櫃台接待、清潔阿姨以及待退休的資深前輩，做一個不「因位廢人」有品有格的職人，這段話更是說進我心坎裡。當了面試官多年，每當我對某應徵者的待人接物有疑慮，我都會訪問一下「辦公室三寶」對應徵者的觀察與感受，真的比問星座還準。

更讓我驚喜的是，艾珊可以把自己在木人巷打拚的辛酸經歷，提煉昇華成一套她自己職場上的獨門功夫，內功心法整理得有條不紊，讓讀者容易上手，而且她在書中毫無保留分享自己在職場上踩過的坑，教大家如何見招拆招更聰明地工作，真的既實用又過癮。

艾珊全書貫穿的一個主題「職場專業出來賣」，大家可能乍聽之下以為是帶點悲壯與被動，但我聽起來恰好相反，艾珊想說的是我們可以自主選擇賣身給公司的力度、尺度及時機，用適合自己的方式換取工作的報酬，讓公司服務於你而不是你服務公司，這樣我們才可以過真正屬於自己的人生。

用躺平的心態上班，在美國有一個類似的說法，叫「計程車工作」(Taxi Job)。在美國有不少人，在追求自己理想生活的過程中，為了生計不得不從事一些上下班時間比較固定、不特別喜歡的工作，保留精力下班後可以做自己真正喜歡的事情。因此不用擔心沒有收入維生，他們有更多時間在自己喜歡的事情上培養能力，直到有一天可以全職做自己喜歡的事。之所以稱為「計程車工作」，其實意涵著這些工作只是一種過渡手段，最終是讓他們「抵達目的地」。

你可能會問：「我也想啊，但每天上班我已經拚盡了，下班後怎樣有精力去探索目的地？」這代表你這位「計程車司機」開車技術還不夠專業呢！與其做上班的「被害者」，不如讓艾珊做大家的專業學車師傅，好好掌握艾珊獨門的做ＰＩＥ祕訣駕馭工作本身，哪裡需要猛踩油門加速，哪裡可以省省力，哪裡要學懂急轉彎走個捷徑，艾珊在書中傾囊相授，讓你迅速上手。

既然可以更輕鬆抵達你想去的目的地，我們又何苦要在職場拚得你死我活呢？

推薦序

# 真正的人生在職場之外

文／Alicia Rao（外商獵頭Alicia的職場生存記）

這是一本讓你通關職場的葵花寶典。

與艾珊的緣分，起於悠閒的周末走入書店，翻開她的第一本書《做自己，還是坐職升機》，書裡寫的故事如此精采，不僅寫出順境的風光，更難得的寫出逆境時的點滴心境。畢業就在外商當打工仔的我，對故事裡的真實事件深有體會，甚至主動寫書評給她，就這樣開啟我倆的不解之緣。

相信有不少人和曾經的我一樣，將跨國公司的總經理、業務總監設為職涯的終極目標，一想到成為大公司的專業經理人，擁有自己專屬辦公室、眺望從高樓看出去的無限風光，還必須是信義區，最好在一〇一附近或一〇一內，萬人之上呼風喚雨好不痛快。然而在外商打拚，善始易，善終難。職場的金字塔裡見了不少鬼故事：受老闆寵愛年年升職的同事，一朝被推出去擋子彈、表現良好的同事碰到情緒化主管，一言不合先送去PIP（員工績效輔導）、好不容易捧上金飯碗，才發現這是人人喊打的火坑……。職場裡身心俱疲越想越不對勁，凝神細看，才發現我認識的高管們，雖坐擁幾百萬年薪，卻沒有一人真正快樂。

原來，真正的人生在職場之外。如果不能不工作，那就要用最有效率的方式，還給自己更多的人生。而這本書就教導你如何用最敏捷高效的方法、最事半功倍的策略，成為辦公室裡優秀的怪物人才。

讀這本書時，不禁仰天長嘯：我剛畢業時這本書在哪？怎麼沒有這樣一本職場通關，讓人開啟上帝視角，一次就懂老闆要什麼的武林祕笈！Performance（專業表現）、Image（個人形象）、Exposure（適時曝光），這三詞箴言實為職場三箭，有如邱比特射中愛情般，讓你牢牢抓住主管的心。

不僅職場，書中也提及支持系統才是Work Life Balance的關鍵，可惜艾珊沒有多提到和先生的鶼鰈情深（還記得第一次見面，我就無比真誠地問：「艾珊你是怎麼找到這麼好的老公？」可以教我嗎？害得她差點噴出一口星巴克），職場重要，情場也重要哪！望作者願在下本書裡無私透露一二，拯救情場浮沉的芸芸眾生。

雖然標題寫躺平之書，但若你真的能掌握ＰＩＥ的要義、也能謹守高調做事、低調做人、不隨意八卦同事、也不輕易抱怨工作……那要躺平或者繼續在職場乘風破浪坐職升機，皆是一念之間。我想這也是艾珊願意毫無保留，將自身闖蕩職涯二十年的精華領悟全部無私分享的原因：讓讀者擁有能選擇的底氣。有良好的職場選擇權，方能讓你不管是選擇扶搖直上闖蕩江湖、亦或不慎遭遇亂流，最終都能平安降落。

祝願翻開本書的你，也能細品這詼諧又精采的葵花寶典，享受歡笑中帶來的無限收穫。

# 誠摯推薦

（以下按來稿序排列）

同樣在外商闖蕩十幾年，那些踩過的坑、跌過的跤，都是血淚，整本書讀來心有戚戚焉。很多「只可意會，不能言傳」的江湖智慧，要親身經歷過才能刻骨銘心。現在，多虧了艾珊流暢的文筆和生動的敘事，那些只可意會的，都成了白紙黑字能言傳了！我無法針對這本書劃重點，因為對於還在職場江湖闖蕩的人來說，這整本書都是重點！值得放在案頭，隨時溫故知新保平安。

——芬妮Fannie（《練習不聽話》作者、閱讀推廣人）

在職場工作，真的能做到身心靈安適，不必活在「被失業」的擔憂恐懼中嗎？Elsa郭艾珊的新書——《45招贏得職場躺平權》，就是教我們如何在職場不必做到爆肝、只要學會這45招，就能以「賣專業」取代「賣肝」，即使躺平也能做到安全下莊！

——莎莉夫人（博客來年度心理勵志榜暢銷作者）

職場要拚要有方法，拚得對就能享受「躺平權」，45招招招管用，艾爾莎條理分明地開示PIE三個簡單心法。這本書不能教你Working Life Balance，但是可以Almost Balance，當有了「躺平權」，自然走出社畜悲情，活出自己！

——黃兆慧（SPRG縱橫傳訊公關顧問公司總經理）

艾珊的文字總有一種老師傅揉麵的巧勁，無疑是實打實的真功夫，本書推薦給用力過猛的工作狂，學習花最少的力氣給出最專業的表現，在辦公室也能優雅地躺著吃大餅。

——威廉（作家）

收到她邀請我作新書推薦，我一口答應。拿到文稿一讀就完全停不下來！除了文筆幽默風趣，本書把Elsa這二十幾年在各大公司歷經滄桑蹂躪翻滾得來的心得感想，系統性的歸納成了45招，完全不藏私的分享給所有在職場打拚的芸芸眾生！

這不只是工具書更是心靈雞湯。連我這個職場老鳥，都能從中獲益，絕對值得真心推薦。

——雷慧敏（花仙子集團執行長）

自序

# 本書閱讀說明書：躺平輕鬆上班去，聰明做PIE好成績

這是我的第二本書。

第一本書《做自己，還是坐職升機》，洋洋灑灑寫滿了我二十年來闖蕩江湖的經歷，字字求寫實，把把辛酸淚，以最真誠無私的精神和讀者分享「台灣水牛」蠻幹苦幹的精神。

正因為用最笨的方式走過迢迢長路，內化之後，驀然回首，只想罵自己一句：「牛牽到哪裡都是牛！」許多事情，抓對方式可以輕鬆表現，何必把自己累成狗？不，連狗都比我悠閒。

因此，我要用這一本書與讀者分享，現代職場如何躺平放輕鬆，聰明做出一盤好PIE。

所謂PIE，就是是**P**erformance（專業表現）、**I**mage（個人形象）、**E**xposure（適時曝光）的縮寫，也是讓你在工作上輕鬆表現，把更多重心放在生活上的三大躺平工作法門。簡單來說，就是抓重點，做對的事，做得好，做得和別人不一樣，挑對人事時地「務」，聰明工作，自在生活。

許多人看到這裡，可能會高聲吶喊：「怎麼可能？哪一本職場書是教人家躺平的，不都是上進再上進，拚命再拚命！」先別激動，這是真的，唯有用最笨、最辛勞的方式走過荊棘路的過來人，才能指點你歹路不可行，捷徑在眼前。

本書第一部分先化除你過去的迷思和業障，灌輸「輕鬆躺平，職涯才能持久」的觀念。

第二、三、四部分分別針對Performance（專業表現）、Image（個人形象）、Exposure（適時曝光），與你分享我的私人故事和心法，讓你知道如何輕鬆做出一盤好PIE，贏得職場躺平權。

第五部分則是希望帶給你一些不同的思維，張開雙眼，稍稍瀏覽工作以外的生活面向，畢竟工作是為了讓自己過上想要的生活，它是工具、是過程、是方法，但絕對不是最終的目的。

看完本書，絕對能讓你克服工作奴性，豁然開朗——原來抓對做ＰＩＥ的訣竅，工作可以如此簡單有意義，人生也變得輕鬆又光明。

# 45招贏得職場躺平權

目錄



## PART 1 為什麼做好PIE就能躺平？

# PART 2

## P—專業表現不失手

# PART 3

## I—個人形象人設佳

# PART 4

## E——適時曝光求關注

# PART 5

## 躺平工作，站起來活出自我

# PART 1

# 為什麼做好PIE就能躺平？

讀了本章之後……

你會徹底轉變心態，改變自己對企業認命、燒腦、賣肝、保工作的社畜想法，學會用輕鬆又聰明的方式，付出最少，贏得最多，自然也就能全心接受、熟習並駕馭做 PIE 的方法。

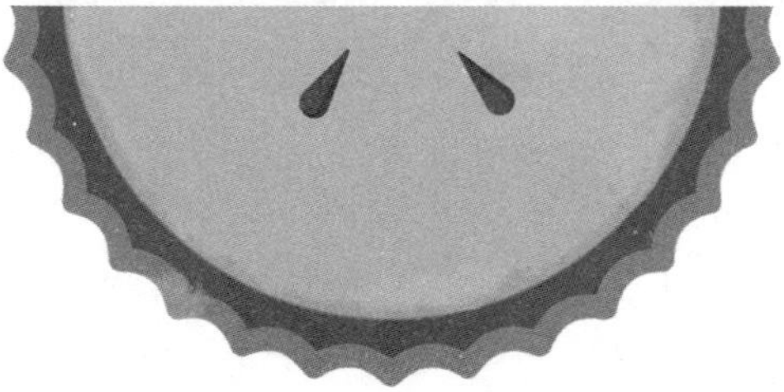

# 1

# 辦公室內躺平做PIE，辦公室外才能輕鬆做自己

許多人認為，工作是一條人生不得不走上的道路，長大成人、獨立之後，為了養家餬口，似乎一輩子就只能賣身給公司，即使沒有成家，為了養活自己和付房租，也沒有其他選擇。

於是每天猶如擠沙丁魚般地擠公車、捷運，和一群沒有靈魂的喪屍們一起往辦公室移動，進去之後，將電腦開機，還來不及喝上第一口咖啡，咬下第一口「美而美」三明治，就被排山倒海的雜事、電郵、未接來電給淹沒。

在辦公室中，杵在自己的小方格裡，過了一整天渾渾噩噩的生活，回了不知道幾封信、開了忘記內容的幾次會議、好像被主管罵過什麼，也不是很放在心上、連同事說過什麼話，你都不太確定。

下班時間明明到了，卻覺得有點心虛，站起來看看四周，同事還沒開始收

東西、主管房間的燈也還亮著，雖然公司就只付了朝九晚六八個小時的薪水，中間放飯休息一小時，也沒加班費，不曉得為什麼大家就是不能堂而皇之地離開這燒盡靈魂之地，還死死地坐在位子上，來個裝忙耐力賽？難道每個人都沒有自己的生活，不想好好吃頓晚餐，約個會，和朋友聚餐?!就算呆在家裡抱著貓貓狗狗追劇，不也很好嗎？再這樣「坐」下去，不僅擔心生痔瘡，更擔心自己會得早年失智症。

有時候，很希望自己有電影《駭客任務》裡那樣的機運，也有紅色藥丸跟藍色藥丸兩種選擇，能夠跳脫眼下靈肉分離的人生。

我，是不是完全說中你的心聲呢？

本書所要分享的，就是用最有效率和效果的「做ＰＩＥ」方式，反轉所有苦悶上班族的生活方式。

ＰＩＥ是Performance（專業表現）、Image（個人形象）、Exposure（適時曝光）的縮寫，而在「做ＰＩＥ」之前，首先要矯正自己過去對職場感到愁苦、不得已的觀念，也就是將前三段文中的心聲，全都抹去。從今天開始，你要定義自己是「職場專業出來賣」的人才，不要再用「被害者」和「不得已」的心態上班。

何謂「專業出來賣」？這是說，你能自主選擇賣身給公司的力度（專業表現）、尺度（個人形象）、時機（適時曝光），一切主控權都操之在你，是你在決定如何用自己的方式換取工作的報酬，是公司在聽你的話，是你在操控自己的人生。

你一定會問，這還不是和坊間所有的商業勵志書一樣——要我們鞠躬盡瘁，至死方休嗎？恰恰相反，只要抱持了正確的心態，掌握ＰＩＥ原則，你就能輕鬆駕馭職場修羅場，活出自己的人生！

而應當如何調整成「專業出來賣」的心態呢？在此借用，且簡化史蒂芬．柯維先生提倡的「高效人士的七個成功習慣」：

1. **以終為始**（Begin with the end in mind）**：**首先想像自己退休後，不用再每天進公司上班的生活，那時候的你會是什麼樣子呢？難道是掛著尿袋，定時到醫院領慢性病處方籤，抽屜裡滿滿的名片，卻連一張朋友問候的卡片都沒有嗎？如果不是的話，你想過什麼樣的生活？把那樣的生活寫在紙上，再告訴自己，正因為現在還處於人生的勞動時期中，賣得了專業、賣得了聰明，所以在人生的後半部，才能遇上那樣的自己。

2. **要事第一**（First thing first）：想像人生是一張A4大小的紙，裡面密密麻麻畫滿了29,200個方格（365×80）方格，每一個方格都是你的一天，每過一天，就劃去一格。假設你能活到八十歲，而現在你或許只剩下六十、五十，甚至四十年的人生，也就是一萬四千個到兩萬二千個不等的空格。看著一天天被刪去的空格，你會不會感到焦慮，深怕自己在這世上沒有留下愛過、生活過的痕跡？也因此，剩下的每個空格，你都要用自己的方式好好地過，將最重要的事擺在人生次序的前端，而能這樣做，最好的方式，就是「上班專業賣，下班做自己」。

3. **主動積極**（Be Proactive）：人生常常遇到許多不得不做的事、不得不應付的窘境，這時如何化危機為轉機，將發球權掌握在自己手上，就要靠凡事能轉念，低潮時蓄積起跳力，抓緊時機主動出擊的能力。若是天天覺得自己「不得不」，最後就會真的變成「沒出路」，所以，從今天開始，每天上班都要對自己喊話——賣多少，怎麼賣，何時賣，我來決定！

翻開本書，首先，要建立正確的心態，我再透過個人經歷，一步步傳授你做PIE心法，很快地，我們都能往自己理想的人生更邁進一步，人生剩下的每個方格，都是你要的生活，上班躺平做PIE，下班輕鬆做自己，我們一起努力！

● 躺平權贏得心法：關於工作生活都輕鬆——以終為始，要事第一，主動積極。

● 目標：上班專業賣，下班做自己，自在遊走工作生活之間，人生在自己掌控之中。

2

# 人生會花多少時間在工作上？想到就嚇人

綜觀歷史，每個世代中，工作年限與報酬有著急驟的變化，在我們父母那一輩，勞動到六十五歲已經是能夠老有所終，頤養天年的時分，但在我們這一代，卻是遙想不及的夢。

舉例來說，我的外公在農會工作，有著穩定的上下班時間，一到能夠領退休金的年齡，他便毫不猶豫地訂下許多旅行團行程，帶著我的外婆開始環遊世界。歐洲、美國、日本去到不想去，就連北極都去過，看著老家牆上兩張造訪過北極的證書，不禁感佩老人家的行動力。他也不放棄運動，一直到八十歲，還能參加宜蘭縣的金網盃軟網比賽，登上地方新聞頭條。在那個時代，不用到大都市辦公樓，普通的基層員工，朝八晚五，賺的錢足夠養活一家六口，將四個小孩撫養成人，還能擁有愉悅的退休生活。

到了我父親這一代，他是鄰里中第一位考取大學的孩子，還是當年非常不錯的成大機械系，畢業之後取得交大機電所博士，並獲得蔣彥士獎學金，出國深造。回國後，在大同工學院擔任教授，中途從學界轉職產業界，擔任永大機電研發部經理，到了六十五歲理應退休，但他對於能否頤養天年仍不放心，找了份顧問工作，一直工作到七十歲才正式退休。

大約二十年一個世代，可以看出工作強度、競爭力的急驟變化，以及對於退休的規劃與需求，越堆疊越高。

到了我們這一代，「下流老人」一詞已經出現，原本源自於日本年金制度崩壞、照護制度危機、老齡社會來臨的隱憂，使得一群辛勤勞動一生的老人，卻在退休後過著中下階層的生活，在台灣也引起不少廣泛的討論與隱憂。同時間，「高齡轉職」、「第二人生」、「再度就業」等話題，也開始出現在職場規劃的議題當中，意謂著，我們不僅要工作到退休，退休後還有可能必須繼續工作。老而不休最主要的原因來自通膨、存款與投資的不穩定性，當然也有部分原因是來自社會勞動人口結構的問題，以及自我認同感。

假設一般人從大學畢業二十二歲開始工作，到六十五歲正式退休，再找第二份高齡就業工作，一直到七十五歲「健康壽命」的尾端，才真的從工作中退下，仔細一算，人的一生足足要花上五十三年的工作時間，前三十三年（二十二～五十五歲）屬於事業黃金時段，必須努力表現以求升遷，薪酬才能水漲船高，贏得更好的生活品質與籌碼，而後二十年（五十五～七十五歲）就是用壽命換報酬，唯有健康無憂，才能繼續穩定的以勞動換取報酬。

這樣看來，假設我們都能活到九十歲，人生有三分之一的時間，會花在企業或職場上拚搏；而全力衝刺之後，還得保持身心健康，以平衡的方式繼續付出四分之一人生的心力。

是不是不想還好，一想就覺得「為什麼我爸不是李嘉誠」、「我出生時為什麼沒有含金湯匙」、「別說少奮鬥二十年，只要能讓我不要這麼精疲力盡就很好了」。

看到這邊，如果已經讓你有寒毛直豎的警覺，那麼本書已經有了一個很好的開場，幫你建立了「我該以何種工作方式繼續職涯」的自我覺察，或許你還是甫出社會的菜鳥，或許剛剛獲得人生第一次升遷，也或許正在事業的高峰衝刺，如何用聰明而健康的方法工作，絕對是現代高齡勞動社會的每一份子都應該正視與學習的事，就跟著本書的脈絡，一招招學起來，一步步走下去，我們一起努力吧。

● 躺平權贏得心法：關於工作永續性——自我覺察，保持平衡，身心健康。

● 目標：學會平衡及健康的職涯規劃，掌握人生做大選擇，將職業以自己的定義無限延續。

# 3 職場無善終，人資沒有告訴你的事

「那個Sabrina，現在在哪裡啦？」

「突然有一天就被公司請走了，說是洩漏商業機密。」

「那、那個印度人Sanjay，還在嗎？」

「不到兩年就回印度去，據說自己出來創業了。」

……

和好久不見的同事約喝咖啡，話題漸漸從以往「哪個獵人頭很優，哪個很母湯」，或是「哪個產業發展不錯」，到最後細數過去曾經擔任過我們主管的前輩們，也許曾是高高在上的太皇、太后，現在出路如何，是否仍然高光灌頂。

不聊還好，越聊越心驚，能在職場，尤其是外商公司，以高管之姿順利退休下台，不被栽贓、冷凍、調派邊疆、逼瘋的……真的少之又少。於是兩人各自啜了一口冷掉的咖啡，不勝唏噓。

不為什麼，金字塔頂端的位子就是那麼少，而底下拚了命要向上竄的新鮮肉體又那麼多，前浪死在沙灘上是正常的事，海浪一沖，屍骨無存，連想要獻花問候一下都沒辦法，只能遙想故人了。

在招募的時候，人資和雇用主管，絕對將職務的發展性、前景、對個人成長的助益，說得天花亂墜。我自己在面試人才時，也不免必須這樣做，因為這樣才能招到真正有心想要努力的員工。

但是，身為企業裡的員工，我們自己要很清楚，棋盤上就是一場局，下棋的人並不是棋子本身，在局上的分分秒秒，我們能不能自保，全身而退，而不被棄卒保帥，只能盡人事，聽天命而已。那，我們究竟能做什麼呢？

這些年來，我一直訓練自己保持以下三大心法，讓自己歷經多個跨國企業、不同產業、地域、市場的職位，還能保持穩定的工作表現與市場價值，也保有一定程度的職業自由，甚至中間有一段Gap Year（空檔年）能繼續在文學所深造進修。

1. **專業出來賣：**如果一天到晚覺得自己只是小兵小卒，身不由己而唉聲嘆氣，那上班的每一天都是絕望而灰暗的。我常常鼓勵自己：「不僅是出來賣專業，也要專業出來賣。」什麼意思呢？當貢獻給公司一己所長之時，也要抱持這就是一場「人口販子」的交易，只是販售的是「自己」，做一天上班族，賺一天錢，只要公司今天有付我薪水，那麼每一天都是公平而沒有虛擲的，我沒有吃虧，千萬不能抱著委屈的心情上班。

2. **退路自己想：**公司招你進來，幫你準備好Offer Letter（錄取通知）、筆電、新進員工手冊，這些是應當的，但公司可不會提供員工退場手冊。若是在這間公司混不下去，或不幸遇到虐人主管、糟心下屬、日日吵雜如養雞場的同事口角，自己又沒有足夠的修行能念佛祝禱度日，該如何退場是自己該打算的。所以我一直訓練自己，在通過試用期的同時，也要想好退場機制——包含什麼時候離開、離開前一定要得到什麼、下一份工作應該如何轉場。

3. **輕鬆求表現：**這也是本書一貫的宗旨，我們要有表現、有人設、求曝光，在對的時間，做對的事情，讓對的人看得清清楚楚。不要埋頭苦幹，一心向公司掏心賣血，卻沒有掌握政治正確、方法正確、精神正確的職場工作祕訣。能掌握贏得職場躺平權的工作祕訣，才能「永續工作」，和平地與工作共處，不致被壓垮，也能隨心所欲決定工作到人生的哪一刻，以何種方式轉場或退場。

從出社會的第一份工作、工作的第一個月，甚至第一份升職開始，我們都要做好準備，想方設法讓自己在職場上「老有所終」，用自己的選擇，有尊嚴地下台。

下台不代表退場，人生的舞台可以自己創建，亦不是單行道，當你看到大家都邁向同一條路，摩肩擦踵，汲汲營營，就該往其他條道路探探。在本書的最後一章，會和各位分享除了職場之外的各種選擇，但最重要的是，不要失了自己的健康與信心。

人生最不值得的就是將精氣神、身心靈都掏空給企業，自己只剩下一具軀殼，無法發掘或實現自己的天命。一定要留備足夠的戰力，給辦公室之外，屬於自己的人生下半場！

● 躺平權贏得心法：關於職場下台日準備——專業出來賣，退路自己想，輕鬆求表現。

● 目標：備足健康與信心，在自我職涯的「終局之戰」中穩占上風。

# 4 金字塔底層其實是屍骨塚

已忘記是哪一家公司的哪一任主管告訴我們這些新進菜鳥：「你們就是公司的基礎，你們這些基層員工是公司最大的財產！」當時我聽得熱血沸騰，覺得自己的人生從來沒有這麼重要過，工作起來加倍努力，因為我是這家公司的磐石，沒有我的努力，這家公司不會有業績，不會有品牌資產，我非常的重要！

這樣的想法並沒有錯，那個主管的鼓舞也成功地為我職涯頭五年打足雞血，每日勤勤懇懇地上班，不停地想怎麼樣可以表現得更好，為自己的工作加分。

可能因為待過的公司大部分是外商公司的關係，我漸漸發現，不管哪種企業文化，在公司工作越久，你就必須往上爬，一直待在「基層」、「地基」、「磐石」的階段，不但沒有前景，更容易動不動就「被」消失，甚至三五年不得升遷，總留在同一個位子，大部分的人久了也會覺得羞赧而自求了斷（是說往外找工作）。而且如果只求「穩定」不求「上進」，那真的一畢業就應該去考公務員，說實話，就目前的工作強度，想到當初畢業沒求公職，而一心想往大千世界闖蕩，常有後悔之意！其實一家公司如果可以有永遠的「庶務二課」，也是不錯的福利，只要不在意老被冷目以待。當然這是現在已經工作二十幾年的我，才有的叛逆想法。

但是，如果你的個性就是不欲與人爭，只想今日事今日畢，腳踏實地準時下班，有可能在同一家公司，或者不要換太多家公司，待得安穩，得個「善終」嗎？

可以的！這就是我在江湖闖蕩二十幾年來的觀察與歷練，只要做到以下三點，再加上本書傳授的「贏得職場躺平權」的心法，雖然不能助你黃袍加身，鳳凰升天，起碼可以保你年年安康，平穩過考核，不要成為別人往上爬的墊腳石或屍骨塚！

1. **不冒失得罪：**不是要你唯唯諾諾，做個鄉愿老好人，也不是說不能和同事、長官持不同意見。通常我們會得罪一個人，都是讓他的自尊受傷，也就是「踩到地雷」，所以一定要用正面、禮貌、謙虛的態度與同事相處與溝通，將「請、謝謝、對不起」常掛在嘴邊，不在眾人面前給人難堪或拆台，當然也不能在背後捅刀，這些都是江湖中必被報復尋仇的禁忌。若是不小心發現自己說話或舉止冒失，有所得罪之處，一定要面對面表達歉意，道歉的時候不用怕在眾人面前，此時拉得下臉來，可以避一輩子背後中箭，孰輕孰重，你一定能理解。

2. **不無謀出頭：**歷史上各種革命，開第一槍的人，我們永遠不知道他是誰，為什麼？因為最先被逮到、殺頭的就是此人。面對公司內不平之事，自有一套通報流程，無論是辦公室戀情、職場性騷擾、公器私用、挪用公款等等，若你發現了，看不過去，務必打那支祕密專線，不要大喇喇地跑到主管面前說：「我要舉報！」久了也會烙下「抓耙子」之印象。若是辦公室內有需要改進之處，務必尋求大家共同意見，起碼找三個人和你一起向公司主管反應，並且確保其他兩個人不會在你踏進主管辦公室之後轉身拔腿就跑。尋求適當的管道，多數的支持，以誠懇的態度和公司反應，也會留下「我想讓公司變得更好」的好印象。

3. **不執意強求：**以往我曾經因為同梯的同事，不知為什麼考績突然飆升，而且升遷速度比我快，而忿忿不平，跑去和主管理論。還好當時的主管氣度大，也是個正派的好人，他很誠實地跟我說：「公司看的就是業績，不是努力，你或許覺得他憑什麼，但業績說明一切，而且你這樣的態度，不僅不專業，也讓我覺得你的『維護成本』（maintenance cost）很高。」當時一語驚醒夢中人，該是你的就是你的，不是你的，哭天喊地也沒有用。與其看著別人往上爬的屁股，不如專心想想如何提升自己的工作表現。

說到這裡，不得不佩服另外一位很酷的同事，有一天他被代理主管召見，大意是說要他承攬更多的工作，公司則「有可能考慮」他的升遷。在主管講了一堆天將降大任於斯人也、責任越大能力越大那些話之後，他默默地說了一句：「該做好的工作我絕對做好，因為我是專業經理人。至於升遷，我媽跟我說過，一個人一生中吃多少米、嗑多少飯是注定的，吃太快，我怕噎著。」當下那個得意洋洋、恩威並施的主管竟然啞口無言，不過這位同事當然表現很好，不到幾個月的時間，便順理成章被公司拔擢了。

在職場中，能夠全身而退，不被大風大浪淹沒，務必要訓練自己做到以上三點，這樣一來，便能躺平工作，讓上班變成一件有格調的事，不是求人餬口，而是穩定的狀況下，做好該做的工作，過上想過的生活。

● 躺平權贏得心法：關於職場金字塔——不冒失得罪，不無謀出頭，不執意強求。

● 目標：人各有志，不想廝殺互咬往上爬，也能找到企業中與大家相安無事的棲息處。

5

# 誰有時間天天盯著你？人事時地「務」抓準，便能出色演出

雖然勞動部明訂年度工作日只有二百五十天，你是否卻整年三百六十五天都繃緊神經，兢兢業業，不僅假日有LINE必回，平日主管不離開就不下班，還天天瞄著同事業績報表，深怕自己落後進度呢？

人生中，和工作纏鬥的日子長達幾十年之久。年輕時為了升遷拚搏，腎上腺素支配一切，步入中年之後，開始嘗到賺錢買藥的滋味，到老了退休，還得面對退休症候群的種種空虛、寂寞、不被需要的焦慮。

如果可以找對方法，輕鬆地工作，並從工作中得到成就感，我們的人生才不會被工作消磨掉大好青春與大半精力，老後覺得自己只是被社會棄養的牲畜或是被榨乾的果皮渣。

也許這裡說的是誇張了一點，但如果面對工作，「躺平」也能從容應付、

出色演出，這樣的人生，任誰都想要！

本書從一而終，一貫的宗旨，就是以「躺平工作」的精神獻給每一位上班族。人各有志，不管你想要步步青雲，直衝雲霄，還是想安安分分，耕耘桃花源，祕訣都是一樣的——抓緊人事時地「務」。

1. **人：**找尋組織內有好口碑、工作表現好與正向影響力高的前輩。不一定是主管或老闆，可以的話，盡量多和此人接近學習，公司若有Mentor-Mentee（導師—學員）制度，可以主動表達自己希望對方當自己的職場導師／引路人，定期和Mentor一對一談話。
2. **事：**做對的事（do the right thing）比把事做對（do things right）更重要。對每一件任務，一開始就要釐清正確的目的，設定合理但帶有一點stretch（彈性）的數字化目標，思考可執行的策略，接下來才有可能順風順水地將事情以最高效率完成。
3. **時：**可以表達自己的意見，前提是要找對時機，準備好資料，言簡意眩，一擊中的，不要將自己寶貴的想法虛擲在沒人在乎的場合中，像在夜市中徒然扯著喉嚨賣藝求賞。在職場中，並不是「多說就會被聽見」，寡言少語但一句千金的人，比總是滔滔不絕、高談闊論的人，更容易受到信賴。人們總是「想多聽聽他的意見」或以為「某某某平日不開口，但只要開口就絕對有值得一聽的東西」，所以寡言少語者反倒具有更大的影響力。

4. **地**：懂得看場合說話、做事。在每次會議中都能快速定錨，看出誰是最終決策者、誰是影響者、誰只是列席，這樣能幫助你次次會議都達成目的。最糟糕的情況是在你受邀進入一個會議，卻發現最終決策者不在場，有足夠經驗或影響力的人也缺席，只是一團鴨子聚在一起呱呱叫，至少你可以問：「有什麼我能做的事，容我先研究一下！」然後快速退場，節省許多被無謂浪費的時間。

5. **務**：人有先來後到，事有輕重緩急。公司指派的任務多如牛毛，員工中歪瓜裂棗也很多，不可能每個人都能領到攸關存亡、情節重大的任務，若是這樣，公司也太容易被搞垮了！衷心建議：不要挑工作，對於被指派的任務一定都虛心勉力完成，但要確保在自己的工作清單中，起碼有一項任務，對公司而言，具有直接而實質的價值，無論是衝業績／促效率／省成本／增利潤／提升員工滿意度……都可以！一旦領到這項任務，絕對要超過百分之一百的達標，這樣才能讓你常處「職場日不落」之地。

曾經有朋友和我分享上班的心情，整天待在辦公室裡，即使和主管或同事隔著partition（辦公桌隔板），老是覺得有人挖洞盯著他，不是要抓偷懶，就是要找紕漏，搞得他天天都很焦慮，就算不忙也要裝忙，甚至自費購入螢幕防片，想說上班想滑個臉書或網購比較放心。我聽了之後，緊緊地握住他的雙手：「親愛的，我很愛你，但你真的沒有那麼重要！」

職場上，每個人都有自己的舞台，也都是台上的戲子，各人有各人的戲碼要「搬」，若你的演出不出色，誰有空去看你在舞台上瞎忙什麼？還是抓緊人事時地「務」，力求做ＰＩＥ，就能躺平工作，享福享樂。

**躺平權贏得心法：** 關於不想被盯——**「人」**——找對導師，**「事」**——做對的事，**「時」**——抓好時機，**「地」**——掃描場合，**「務」**——選對任務。

**目標：** 以80/20法則，花最少的力氣，用頭腦造時勢——人事時地「務」都對了，自然能以最輕鬆的方式達到最好的表現。

# PART 2

## P-*Performance*

## ——專業表現不失手

讀了本章之後……

你能明白職場上似乎很厲害的人，多半是抓對了「看起來很厲害」的訣竅，並且掌握如何在各種日常庶務當中，瀟灑展現自己的專業能力。

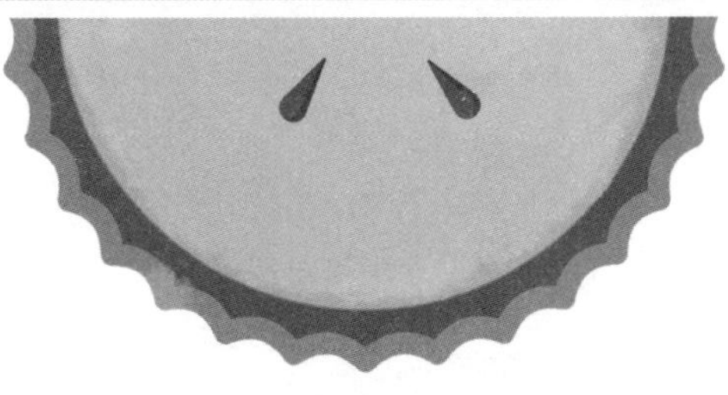

# 1 上班先做三件事，一整天都順遂

上班族在抵達辦公室之前，真是千里迢迢，困難重重，不管是從捷運、公車中擠出一條生路；或拿下安全帽，理一理被壓塌的髮型；或是好不容易找到一個距離公司方圓十里之內的停車位，將愛車安全停穩……，好不容易才結束一個挑戰，踏入辦公室那一刻，相信不少人都有諾曼地登陸的感覺，但隨即，另外一股焦慮情緒油然而生——真正一天漫長的挑戰才將開始。

當你好不容易坐在自己的位子上，打開電腦時，第一件事做的是什麼呢？

當我還是菜鳥的時候，也許是年輕，還在發育，胃口好，也許是辦公室附近好吃的早餐太多，每天早上最期待的事情就是下了公車以後，採買早餐，然後進公司第一件事就是享用食物，配著電子郵件，大快朵頤。

當時我的主管是一位優雅的淑女，每天早上，她都以完美裝扮，以及從本部門地板滲透到樓下部門天花板都沒問題的香水味，搭配恍如名模走台步般的

Cat Walk出現在我們面前。在通往她的辦公室的走道旁，我恰巧是第一排看秀的VIP，天天都得向她的美麗致敬：「Rita早，今天好漂亮。」但又不能每天重複同樣的敬語，因此我都會找一些時尚雜誌裡的評論，稱讚她的配色、款式、穿搭……，最後實在沒招了，只能拿每日星座運勢出來哈拉：「Rita早，處女座今天運勢好，有貴人喔。」她的回應也非常妙，一邊謙虛自抑，一邊看著我的早餐問：

「謝謝，皮蛋瘦肉粥喔。」第一天。

「還好啦，蔥油餅嗎？」第二天。

「這套穿好幾次了，總匯三明治？」第三天。

……

這樣對峙了大約一個月，有一天，她看到我的早餐，眉頭一皺，叫我等一下來她辦公室一趟。

進去之後，她很委婉地跟我說，公司的上班時間雖然是彈性的，但還是希望員工盡量提升工作效率。言下之意似乎是，我是不是都在摸魚。當時我一個勁地想不通到底哪裡讓她覺得我在摸魚，後來靈光一現，小心翼翼的說：「Rita，我吃早餐的時候，都在看電郵，沒有摸魚。」我想因為我的電腦背對她的「舞台」，所以被誤會我在看臉書或網購吧！（雖然有些時候的確會這樣。）

她停了五秒，緩緩地吐出來：「吃早餐沒關係，可是，能不能不要吃今天這種，整間辦公室都是那味道。」

喔，我今天吃的是大腸麵線。

不要誤會，這個故事不是僅僅勸導上班族早餐不要吃麵線，主要是建議你坐定位子之後的頭三件事，如果做對了，一整天都會順順遂遂，平平安安。

1. **整理工作環境**：花個三分鐘，清理環境，將文件歸檔，文具歸位，稍微能露出桌面的狀態。一個井然有序的辦公空間，會讓你清楚這是全新的一天，更有幹勁。

2. **羅列**To-Do-List：將今天該做的事，依照輕重緩急列下。不要小看這個步驟，一旦進入工作狀態，經常會忙了一整天卻落東落西，如果有一張清楚的工作清單，能幫助你更有效率與條理。

3. **主動安排會議：**對於個人無法完成，需要和他人討論才能進行的事項，看一下今天或是該週行事曆，找出最適合的空檔，主動對你的同事、協作部門或是主管發出會邀。與其等別人來安排你的時間，還要以會喬會，甚至「尬會」，不如主動安排，選擇對自己最好的時機。

當然，如果你的生活作息有空間調整，我會建議比同事早十到十五分鐘到公司，安靜而且思慮清明的狀態下做好以上三項安排，效率會更加倍。

自從大腸麵線事件之後，我盡量不在辦公室裡吃早餐，並不是「在辦公室吃早餐」等同於偷懶或沒效率，相信這是很多上班族不得不的選擇，而是我喜歡吃的早餐，味道真的都很重！如麵線、茶葉蛋……，有時候還喜歡吃泡麵或麻油雞，這是個人的怪癖，如果通通都在公司內進食，應該很快辦公桌就會被移到茶水間了。

早餐很重要，上班族一定要吃，只要不要配電郵（消化不好）、不要吃麵線（人緣不好）、不要吃太久（觀感不好），再培養以上開門三件事的好習慣，你一定會過上營養充足、精神奕奕，又事事順遂的一天！

● 躺平權贏得心法：關於開工順利法——整理工作環境，羅列To-Do-List，主動安排會議。

● 目標：成為公司中，就算吃早餐也看起來專業又有條不紊的陽光人物，充分掌握一天的主控權，加上百分百效能產出！

# 2 從回電郵看出你是個人才

上班族每天重複做最多、最痛苦、最冷感的事情，除了對主管假笑、準時打卡之外，應該就是處理電子郵件了。

你有沒有試過，一天內都不管收件匣，（）內的數字會達到多少？若再加上寄件匣中的郵件，以及一堆Re: Re: Re:到天荒地老，有如祖譜一般，子孫繁榮，不斷增生的幸運信，一天之內有沒有寫過數十半百封電子郵件？

我常想，如果拿寫電郵的時間來敷臉和護髮，應該可以像志玲姊姊一樣長生不老；拿來學西班牙語，搞不好退休後還能去哥倫比亞幫毒梟翻譯；就算拿來蹲廁所，也可以常保愉快暢通，益生菌充盈著身心靈！

但職場和人生一樣，不得不做的事，就要想辦法做得好、做得順，至少別扣分。就像本書一貫主張的原則——再小的事，只要做得好，做得和別人不一樣，做得讓大家都看到，就是一種優異的表現。

我入職的第一家公司，人稱「藍色城堡」，也是快速流通消費品公司（FMCG——Fast Moving Consumer Goods）中的王者——P&G，在那裡，我學到最棒的一招就是如何寫「有效電郵」——兼具效率（efficiency）和效果（effectiveness）的電郵。簡而言之，就是讓你的電郵不落入別人的垃圾桶，或是成為永遠未讀信件，進一步發揮比電郵更大的影響力。

書寫「有效電郵」的幾項原則：

1. **慎選TO（收件者）和CC（副本抄送）**：「TO」只給一個人，這個人是決策者、被溝通的對象、需要行動的人，簡而言之，是ARCI法則中的Accountable（當責者），你也可以將它視作Actioner。「CC」則是你覺得需要知道這些事的人，它們通常是「C」——Consult（諮商者），或是「I」——Informed（被知會者），簡而言之，不是拿來監督，就是陪審。但「CC」要慎選，一定是對這件事具影響力的人，不要亂CC給不相關的人，連工讀生都CC，只會減低被TO的人正經回信的意願。

2. **信件主旨中寫明目的：**可以用【確認】、【徵詢】、【行動】、【分享】等，你期待他看到之後有什麼反應來標籤。但主旨不要太長，這不是在寫詩，在Outlook或Gmail的版面上只看到前端看不到後頭，這種信件一定會被忽略。

例如，寫給財務部，主旨若寫明：「【確認】第二季行銷預算」絕對會比「第二季行銷預算最後數字需要確認」來得簡明有力。而且長久下來，和你工作的人會習慣第一個看你的信件，因為有很清楚的目的和行動方針，大家好做事。這跟考卷一打開，老師會要你先寫簡單的題目來暖身，是一樣的道理。

3. **內文使用倒敘，以結論／行動需求為開頭：**一般在寫商業分析時，我們會採用CAR原則，即Context**（內容）**—Action**（行動）**—Result**（結果）**，但電子郵件是溝通的工具，不是長篇大論的時候，為了節省閱件人的時間（而且通常老闆都在手機上看電郵，因為螢幕大小的關係，如果第一句能清楚明白，他才會繼續往下滑），必須先寫結論（R），需要的行動（A），再寫事件的經過（C）。

想想看，如果你一天要處理一百件電郵，那主管的收件匣裡大概是你的三倍以上，因此，如何掌握上述三個基本原則，言簡意賅，進退得體，三分鐘內能得到結論，就是讓你的電郵成為有影響力，有專業能力的絕佳表現，這一點點差異，便能讓上司看出你是個人才。

還有一個隱藏原則，也是我犯錯多年後才發現，在此分享給親愛的讀者。文末，若是中文，千萬不要寫「辛苦了」（那是上對下的「撫卹」用語）；若是英文，則千萬不要寫Kindly、reply by……，那有種「你嘛幫幫忙」或「你這懶鬼行行好」的感覺，其實有點挖苦喔！

就簡單直白的寫謝謝對方，希望合作順利，就好了！

最後再叮嚀一下，電子郵件就像女生的裙子一樣，越短越好……不，現在都什麼年代了，LBTQRABC多元共存，別再說這種老八股的歧視文。應該說，就跟北一女校長在二〇二三年畢業典禮上的致詞一樣，短短十分鐘，逼出全體十行淚，又短又深富意涵，這才是藝術！

電子郵件就和每週的主管匯報會議一樣，越短越好，只露出重點、好看，吸引人的地方，這就是有影響力的電子郵件，寫出這種郵件的你也是一個有影響力的人才！

● 躺平權贏得心法：關於犀利電郵——慎選收件及抄送人，主旨見開宗明義，內文開門見山。

● 目標：從寫電郵開始，彰顯自己無懈可擊的專業度，並且讓大家都願意看完內容且依你所願付諸行動。

# 3 上班八小時，用四象限規劃優先排序

才剛到辦公室，就被電郵、各式通訊軟體、會議，還有老闆的緊急要求淹沒，該做的事情一樣都沒做，轉眼就到中午了。

午休時刻，等到有時間走出大樓，想靜靜吃個午餐，全國人民都出來覓食，人潮滿滿，連手搖飲都要等個老半天，外頭炙熱，揮汗如雨，終於解決完民生問題，小心翼翼地捧著星冰樂還是珍奶去冰半糖回去，已經兩點了！

吃飽肚重，血糖上升，腦袋裡裝的全都是不好使的東西，偏偏下班前還有一堆死線（deadline）要趕、Excel公式設錯，不停循環參照、ＰＰＴ格式跑掉，老闆又死催活催急著要，更慘的是回錯Email，要收回已經來不及，或者是忙活了一下午的文件，忘記存檔，直接覆蓋……各種悲催的低級錯誤，都在下午時分發生。

真正開始清醒，大約是六點以後，勉強打起精神，想衝刺最後一波，安親

班開始打電話給你，催著來接小孩了！只好將筆電按下休眠，催它睡覺，將工作帶回家，等到小孩甘心睡覺，家中從喧囂戰場成為寧靜廢墟時，才能喚醒筆電，拭去眼角兩滴淚，認命完成各種今天應該早就該交差的任務。

頭放上枕頭時，回首今日，真是混沌不明，不知所謂的一天。明天！明天一定要更有效率，一定要將筆電留在公司，然後準時下班去健身房！

等到鬧鐘響起，天哪！又睡過頭了！

……

這也是你天天迢迢赴任，為了第一桶金、頭期款、奶粉錢、退休金……的打怪日常嗎？

多年以來，我一直保有一個優異的好習慣——每到下午五點五十五分，絕對關上電腦，從位子上站起，拿起包包走人。至於為什麼是五點五十五分？因為我想要在準六點踏出辦公大樓，而我知道最後五分鐘永遠會有跳出來要問你兩句的同事、跳針的老闆，就連電梯都可能故障，所以提早五分鐘，將筆電趴的一聲蓋上，是非常必要的事！到最後，我這正字標記「趴」的一聲，都變成周遭同事的生理時鐘之一，比倫敦大笨鐘還準時，同事聽到後還會說：「喔，已經五點五十五了嗎？」

某任東家曾送我去上「高效人士的七個成功習慣」（7 habits of effective people）的課程，這是我所上過職涯中最有用、最有意義的訓練，強烈建議全世界的人資部門，如果企業訓練預算有限，就讓員工上這一堂課就好，如果自己也不想整天發想該讓員工上什麼課，那就每年都重複一次！

我在七個習慣中學到的「要事第一」（first things first），變成每天都要玩一次的排列組合，而且這樣排序下來，自己頭腦不僅越來越清醒，生理時鐘也變得相應地有效率！

首先，請你先定義手中「重要」和「緊急」的事情，然後畫成四個象限。

比方說，對我而言如下所示：

**緊急的定義：**不做，會死、工作會被開除、健康會出問題、家庭會破裂，通常是被動的情境，因此特別需要扭轉情勢，掌握主動權。

**重要的定義：**做了，對人生、工作、健康、心情都特別加分，通常也是你希望能擠出時間做到的事。

因此，四大象限可能如左：

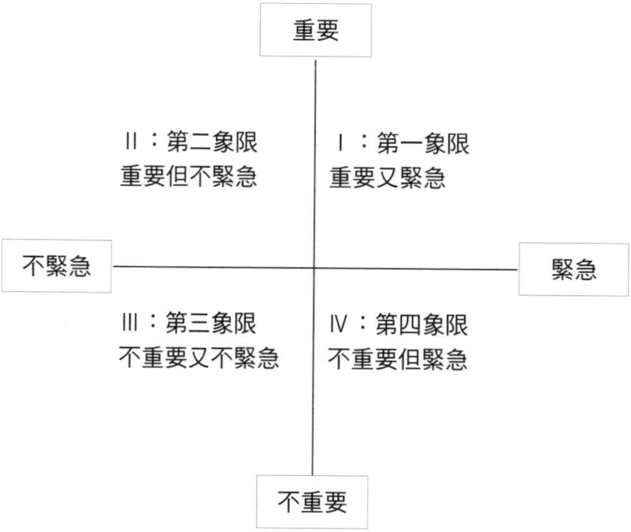

**第一象限——重要又緊急的事：**對上班族而言，除了老闆交代今天就要的事（沒辦法，老闆給的死線就是真的不交會死的線），似乎沒有別種事，其他事務的死線都還能死而復生，一旦上頭說：「今天就要！」勸君還是不要測試底線。

**第二象限——重要但不緊急的事：**年度績效目標、個人能力增進、同事關係建立、深度市場分析……，雖然不是今天非交不可，但是花一分的精力，對職涯有十分的影響，屬於ＲＯＩ（投資報酬率）最高的事項。還有強烈建議把公司財報、老闆分下來的業績目標、你想打好關係的同事們生日，有空拿出來背誦再背誦，可以記下來最好。

**第三象限——不重要又不緊急的事：**網購。別裝了，你的電腦一打開，「我的最愛」中是否全是購物網站？我記得某個同事曾經和我分享，她最愛用來打發上班時光的活動，便是將自己所有想要的東西放入不同購物網站的購物車內，比較活動折扣後的價格，擇優過後，再一項一項移除。當下我只想勸告她，千萬不要手滑按下「結帳」。

**第四象限——不重要但緊急的事：**工作出包、討債電話、腸躁腹痛找廁所，以及不太需要用腦，但例行性要交的報告屬於危機處理的領域，或制式交辦的事項。

分好四個象限之後，就根據自己的身心靈狀況，劃分調配、處理事情的時段。身為上班族，話不多說，緊急的事情一定要先處理，這由不得我們，所以第一象限和第四象限一定是當下、立刻、時限前優先處理完的事情，只是第一象限的重要性甚高，一定要選在精神集中的時段，最好是每天早上進辦公室的第一件事情。至於第四象限，就祈禱每天不要遇到太多，但遇到了也沒辦法，就當打俄羅斯方塊，先消除障礙再說吧。

至於第三象限，只能說視個人習慣、行為、生活型態而定，人人不同，有些人很容易被不重要又不緊急的事分心，但有些人反而能因為處理這樣的無腦小事，獲得些許療癒和舒心的能量。所以第三象限，可以當作自己漫長工作時光中的一點小小調劑，不要影響正常工作，也不要直接被目睹就好（譬如在會議報告，筆電投影前，勸君請先關掉各大購物網站網頁）。

我們真正致力要研究，積極安排的是第二象限，不為什麼，正因為它不緊急，所以很容易被每日繁忙的事務擠兌後遺忘，但其實第二象限的事項，往往是對我們人生、職涯、健康影響重大且悠長的，所以每日一定要留下特定的時間，好好沉澱下來，思索有關第二象限的種種打算。

我在前任東家時，因為「高效人士的七個成功習慣」是人人必上的訓練課程，所以只要在座位或是辦公室門外掛上「正在第二象限中」等同於「請勿打擾」，大家都會給你一些（短暫的）個人時光，我覺得是滿好的舉措。

以我為例，因為想要享受同事都還沒到的寧靜時光，通常會比表定上班時間提早半個小時到辦公室，利用這短暫但高質量的時光，計畫我的第二象限。等到同事、主管、其他部門都陸續來齊了，通常事情就來了，而你要找人也找得到，就可以將第一象限的重要緊急事務「求趕不求急」地處理妥當，時間雖然重要，質量與決定也不能出錯，這些事務大多不是你一個人可以提供資訊或充分被授權處理，所以務必要找到對的主管、團隊、部屬，將事情做好。

午餐時間是大部分上班族好不容易可以鬆一口氣的時分，彷彿自由式換氣、彷彿沙漠取經中經過綠洲，總之絕對不會有人拿來工作的！我也不想錯過中午這美妙的監獄放風時光，但為了能夠準時下班，通常我只吃非常簡單的食物，有時是一根香蕉，有時是一包能量果凍飲，花十分鐘解決之後，從座位站起來伸展筋骨，或走出辦公室，到附近公園散步十分鐘，再回到座位，我就利用這多出來的時間處理第四象限的事情，如例行性的報告、業績報表、人資部門耳提面命的各式企業倫理線上考試或互評……用小腦的自主反應處理完畢。如此一來，我比別人多出起碼一個小時的工作時間，也利用午餐過後腦滿腸肥、昏頭轉向的時分，將今天一定要交的東西做完。

而在距離目標下班前的最後一個小時，我會以一種看到終點衝刺的心情，繼續處理第二象限的事務，這時候整個人充滿了即將解脫的欣喜，腎上腺素一上來，工作效率不僅甚高，而且充滿了智慧與願景！

我還是要重申，四大象限的安排，完全看個人的生理、心理以及工作習慣。但最重要的是先將手邊工作與職業需求，仔細思慮之下，分成四大象限，再予以規劃。腦力先花下去，勞力再施下去，工作與生活效率自然提高。當然也有人喜歡在辦公室留晚一點，利用同事都下班後的時間，慢慢處理事務，這都是個人的選擇。這篇文章僅僅是給像我這種以準時下班為每日生活最高準則者作為參考。

最後再與大家分享「能夠準時五點五十分關電腦」的終極祕訣：⑴用最後五分鐘列下明日一早到辦公室的待辦事項，這與大文豪海明威的寫作習慣一樣，他永遠在寫得最順、最高興的段落停筆，這樣隔天再度提筆，接續的效率最高。⑵將工作環境整理乾淨，文件堆疊整齊，垃圾廢紙都不留，這樣明天來上班才有新的開始。⑶關上電腦後，盡量、一定和主管、同事道別：「今天工作已完成，我下班了！」不要偷偷摸摸溜走，這則建議是來自「畢馬龍效應」的靈感，當大家都習慣你在這個時間勇敢起身、「啪」地一聲關上筆電，準時下班，而你的工作也因為上述慎思熟慮的安排處理妥當，「準時下班」反而變成「工作效率」的一種象徵，大部分台灣人都很怕比主管、同事早走，但如果你相信主管或同事對你工作方式的支持，用自信公開的方式道別，態度自然，你所選擇的下班時間也會習慣成自然。

● 躺平權贏得心法：關於八小時內解決所有任務——用心規劃四大象限，寫好明日待辦事項，整理歸位工作環境，大方高聲道別。

● 目標：準時關電腦下班，一分鐘都不要浪費在辦公室，大器地走出水泥叢林，暢快享受自我生活。

# 4 多工處理真能提升效率嗎？

記得剛出社會，還是菜鳥的時候，主管曾經對我耳提面命，甚至相當自豪「Multi-Tasking（多工處理）」的能力非常重要。彼時尚未有智慧型手機的出現（掩面），手機除了通話以外的功能，大概就是貪食蛇，連Windows都還是97系列，說實話，當時要Multi-Tasking很難，頂多就是用脖子夾著桌機電話，然後一邊用食指敲鍵盤Key in Excel表吧！

如今別說多工處理，很多時候我們都是被身邊的科技驅動、駕馭、追著跑，常常一邊開車，一邊聽Podcast，同時還要回LINE；和人聯絡時，得考慮用LINE、WhatsApp、Messenger、IG、Skype、WeChat，還是Email好？開會的時候，一邊看投影幕，手機一邊震動，時不時還會被問題cue到，回答的時候不僅沒有深思熟慮，還答非所問。更糟糕的是，回到家，小孩跟你說話，你的手眼還是沒有離開手機。

張愛玲在《第一爐香》寫到當薇龍和姑姑梁太太吃飯時，心中各繫他人：「可是她的心，在梁太太和盧兆麟身上，如蜻蜓點水似的，輕輕一掠，又不知飛到什麼地方去了。姑侄二人這一頓飯，每人無形中請了一個陪客，所以實際上是四個人一桌，吃得並不寂寞。」每次看到這段文字，都覺得非常恐怖，照這樣想，我們每天回家後，是不是其實還是把全公司的同事帶回家了，真正背後靈纏身耶（而且家裡非常擁擠）！

曾經，某次我到國外總部出差的時候，眼見財務長的筆電桌面同時打開七、八個視窗並排，數字一目了然，大佬一問，不僅不用按鈴搶答，還能舉一反三，簡直靠譜的不得了，但，這是財務長老天爺天生賞飯吃，目光如炬，才能有此高功率反應，一般人恐怕是要拿放大鏡的。旁邊的ＨＲ偷偷跟我說：「我也試過這樣，但是數字根本看不到，還會答錯。」所以想要多視窗工作還是要眼力過人，不能有老花。但我有想過，不知有沒有人發明可隨身攜帶的折疊式螢幕，一展開，人就能埋在裡面，趴下來睡覺也行。

對我而言，結論是，年輕的時候，古老的以前，當我們還能掌控工具，而不是被科技追著跑時，多工處理其實還是操之在己，自己仍是任務的主人。但現在，越是便利即時，快速運轉，越需要一件事情、一件事情獨立運作。唯有一次做好一件事，專心一致，下定決心，才能獲得真正的效果（effectiveness）與效率（efficiency）。

效果和效率怎麼分呢？簡單來說，效果是指「做正確的事」，do the right thing，所從事的工作和活動有助於達成目標。而效率是指「以正確的方式做事」，do the thing right，以盡可能少的投入，獲得盡可能多的產出。簡單來說，專心一致能讓你有充分時間思考判斷，做出正確的決定。同時，單工處理因為符合人性，一次只能看見、聽見、聞見一件事情，故能讓你將自身的能力最大化，在精簡有限的時間內，提升任務的完成度與精密度。

再者，單工處理下來，一天內可以深思熟慮、處理妥當四至五件重要任務，其實已經是很好的工作效率。而且，每處理完一件任務，你又多了一些資訊和學習，能夠有清楚的想法與規劃，向外溝通時，不管是同事或上司，都能感覺到你的穩定和策略性思考力度上升。

要如何在這人人都期待你千手千眼，一次處理十件事情的世界裡，仍然擁有專心一致的單工處理空間呢？在此提供三項過來人的私房建議：

1. **約自己的會：**聽起來有點悲傷與孤寡，彷彿行情很低，沒人約，只好自己和自己裝熟。但其實這是一項時間管理大師必備的技能，在Outlook上設好工作主旨、時段、受邀人（就是自己），將時間一格一格的封鎖起來。最好是三十分鐘為一個單位，這樣做不僅僅符合天才IT大臣唐鳳的番茄時鐘工作法的原則（Pomodoro Technique），實際上，一個人的專注力也很難超過三十分鐘。時間到了，無論工作有沒有做完，都要起身休息、伸展、倒水，做點別的事。

2. **將時間打折：**接續上個原則，一開始可能很多工作無法在半個小時內完成，沒有關係，那就再安排下一次的時間。人是慣性動物，一旦熟習動能與方向之後，能在同樣的軌道上不斷加速，如果能達到時間內完成工作的目的，下一次就試試打折，換成二十五分鐘，甚至二十分鐘。同樣的事情，能用更少的時間完成，代表效率提升了！

3. **掌握發球權與時間差：**應該很多人和我有同樣的感覺，每天電郵和訊息來來回回，簡直像看法網公開賽一樣目不暇給，雖然嚴重懷疑電郵和訊息其實就是拉低工作效率的最大因素，但每次被主管@到時，又不能不回。這時候，就要掌握發球權及時間差，每一天早進辦公室先發球，和主管、主要合作夥伴報告、研擬、指派工作進度；待發球之後，便開始做自己的事，等到中間空檔，再打開信箱、手機，看看對方擊球回來了沒。這招的重點在於主動出擊，不要等別人發球給你，處於被動方，會讓人喘不過氣來！

至於效率提升之後，省下來的時間該怎麼利用呢？如果你喜歡躺平的話，盡量伸展！如果閒不下來，就盡情地做自己喜歡的事情。總之，工作上的事情已經交代了，其餘的便是自己的時間，基於這樣的動力，你會發現自己越來越專心，因為可以早點躺平做自己啊。

- 躺平權贏得心法：關於提升工作效率——約自己的會，將時間打折，掌握發球權與時間差。
- 目標：專心一志，提升工作效率，省下更多的時間和選擇給自己。

# 5 業績好勿得意，業績不好也能說成活的

我曾經擔任過幾個重要的職位，後來都得到不錯的結果，和我本人的技能無關，迄今想來，應該和運氣比較有關，而這個運氣是指，總是接到垂垂老矣，命懸一季，或倒退嚕多年的品牌。

每次接到這樣的職位，我都特別興奮，因為即將下探谷底，谷底之後必定是反彈，不過當然，也有可能直接沉沒，葬身沙場。

所幸，本人的氣場強，八字不輕，加上耳背，人家說的我不一定信，人家信的我不一定照做，所以幾乎次次都能將垂死的品牌拯救回來，起死回生，自然對職場發展大有加分。

但在外商打拚二十多年，我也相當清楚，業績的好壞非一人可主導，必定是團隊與時勢所造就，但業績卻是天天背在自己身上的十字架，非面對不可，端看你抱持的是什麼心態。況且，公司不是國小課堂，業績成長，不會頒發最

佳進步獎給你，只會將目標再往上疊加，讓你在已經冒出頭的小苗上拉得更用力。更不用提業績衰退了，老闆願意聽你多講幾句原因，已經是他佛光普照，一個不想聽，考績直接給你差等，或是打入冷宮，讓你寒徹心骨，自願離職，公司不用付資遣費，也是常聽到的事。

年輕時，一旦業績超標，自己就會主動往上疊加地更多、更高，好像玩樂高一樣；等到稍微老成一點，就知道怎麼含蓄煞車，就像存錢一樣，留一點給下個月吃。而一旦當月業績沒達到，痛定思痛，回家就差沒拿出計算機來跪，整夜翻來覆去無法入睡。

這是幹嘛？公司又不是我開的，業績也不是昏迷指數，得時時刻刻盯著。雖然實際上是無法回到過去，給當時的自己三大棒喝，但起碼現在能夠與讀者分享，「放下業績」和「詮釋業績」的藝術。要知道KPI是雙面刃，做得到，逼你做更多，做不好，也不一定是地獄，只要心態正確，就能將焦慮化開，帶著身心健康，走得更長更遠。

關於業績，有三件你要知道，並且時時練習的原則：

1. **熟記正負差，算帳算清楚：**其實，「超標」與「未達標」在某種程度上，都是掌握不精。雖然業績常常是用喊的，但公司可不這麼覺得，數字背後代表了一長串的財務規劃、預算配置、叫貨數量與物流成本，「超標」代表業績低估，「未達標」代表你的能力不足，若你的主管是個專業且機車的經理人，這些都是會被問的。所以，要熟記正負差，多做多少，少做多少，算帳算得一清二楚，不要傻傻的一句：「我回頭再查一下數字。」這樣就算超標，對你的P（表現）也沒有太大加分。

2. **業績超趴找原因，氣勢越滾越強：**當然，如果你連續超趴三個月以上，自己鼻子摸摸，被加業績就認了吧，主要是煞車踩不住，想藏沒得藏，這就是時也、運也、命也，再推託，這麼強運的位子馬上就會被別人叼走。只是，一定要找出成功的原因，在關鍵點上使力，才能使氣勢越滾越強，而不是曇花一現。

3. **業績有洞提方案，說到做到沒人怪：**誰家天天在過年？柏油馬路都可能出現天坑，何況是業績表呢？只是，業績不好，皮自然要繃緊，而且要繃快一點，不可能等到三個月，當月出現坑洞才繃，千萬不要等，抓起上下游合作團隊，提分析、求建議、給方案。如果你很清楚出現什麼基礎性的問題，導致業績不如預期，一定要及時修正目標，管理預期。最重要的是，給一個你有把握而清楚的期限，達成業績。

雖然業績好的人，走起路來有風，可能公司午餐便當都可以領比較大份，但對企業來說，一個「懂得自己生意」以及「說到做到」的員工會比不明所以，天天吃雞腿加排骨便當，滿嘴都是油，還不知道擦的人，更reliable（值得信賴）。

到了老一點，磨成精的時候，我心中就很清楚，業績好、順風順水的時候，反而是最危險的時候，例如漲潮，許多暗潮下的礁石反而看不到。業績不好時，好比實施「路平專案」，務必追根究柢，徹查坑洞來源，提出行動計畫，補好補實。令人害怕的不是業績不好，而是無論好或不好，都不知道原因，如同盲眼走繩索，步步驚心。

現在就來思索你如何「詮釋」這個月的業績表現，久而久之，你會發現自己不但業績做到時，不會過分興奮，即使做不到，也不太會有焦慮感，因為心裡有底，自然能用佛心看待生意上的起伏，而你的專業分析能力，也會被倚重，職場上方能走得好又走得穩。

- 躺平權贏得心法：關於業績說明法——熟記正負差，超趴找原因，有洞提方案。
- 目標：業績是死的，人是活的，正確理解業績表現的理由，讓你無論有洞沒洞，都理直氣壯且平安無事。

# 6 績效評估表寫心酸的嗎？

每年到了要寫績效評估表時，無不哀鴻遍野，交件時刻一分一秒地逼近，拖延症卻如傳染病蔓延，拔頭髮的有，搖頭嘆氣的也有，彷彿到了大考作文時刻，明明每年的題目都一樣，為什麼寫起來還是窒礙難行，心肝腸胃通通打結在一起，什麼都擠不出來？

還是菜鳥時，我也有這種問題，每每到了寫自評時，感覺比上國中時交周記還不情願，大概只比寫日記好一點，雖然日記沒人看，但起碼可以寫大實話，而績效評估表的自評部分卻常常讓人感到彆扭又尷尬，好像靈魂飄離肉體在看自己，寫得太好，自謙自抑的儒教精神就跑出來了；寫得太差，飄在空中的靈魂都想隔空給底下呆呆的自己後腦勺一棒——表現真那麼爛還尸位素餐，明天就遞辭呈吧你！

直到某年，被主管揪出來我的自評和前一年一模一樣，根本是copy & paste，雖然想假裝：「啊！存錯檔了」，但還是被聰慧的她識破，「你是不是寧願寫Monthly Report（月結報告），也不願寫W&DP（work & Development Plan，工作與發展計畫），那不然本部門的Monthly Report每個月都給你寫。」嚇出我一身冷汗，要知道Monthly Report每個品類一個月只會推出一個衰鬼來寫，邊寫邊喃喃自語，還要追著別人要數字、幫解釋業績為什麼破洞，那段時間大家都躲著你，比邊緣人還要邊緣！

聽到主管的威脅，我整個人都不好了，當下立即乖乖坐好，拔掉桌上電話的電話線，戴上耳機，背上貼著「W&DP中，生人勿近」的白紙，利用一整天無干擾的時間，完成了評估與發展計畫。雖然是因為遭受恐嚇，腎上腺素飆升，狂飆完成，不過，人生首次好好靜下心來書寫自評表，當真多有領悟。

為什麼需要好好地完成績效評估表？首先，在大部分公司，這是Performance Review（績效評估）的根本，經過人資、各部門主管，再上一層主管，最後大總管們（HR head & GM）的批准，所有人的績效就會呈現常態性的分配曲線，大約八〇％的人都會落在中等範圍；一〇％的人會是Top Rating（最高評價），等著升官發財；也會有一〇%的人是Poor Performer（表現不佳），等著檢討走人。

這個分配曲線與你的文筆當然無關，與字數也無關，在有ChatGPT的今天，想必要將一篇文章寫得洋洋灑灑、情意動人也不是太難的事。不過，寫「績效評估表」並不是公司開出的自由寫作課程。

寫「績效評估與發展計畫」最重要的三個法則如下：

1. **訂定一大三小工作目標：**所有的工作手冊與人資指南都會告訴你「SMART法則」——明確的（Specific）、可衡量的（Measurable）、可實現的（Actionable）、相關的（Relevant）、有時限性的（Time-bound）。這的確是良心建議，照著寫就對了。

只是在和主管訂定工作目標時，我的習慣是「一大三小」，大目標大致跟著公司、部門或品牌總目標走，脫不了業績、市占率、毛利率等，這部分抄主管的沒關係，最好和他的一模一樣，絕對看了就高興。

至於「三小」，當然不是在罵人，而是將一些只有你個人能掌握的計畫、專案列出，而時間性可以設成重複性，週期性的「微型目標」，如此可以確保自己不斷地、踏實地向前進，也能夠由重複的小小成功中，累積出信心與運勢，最後達標或超標指日可待。比方說，每週完成五間門店專訪，提升各店業績達五％；或是每月複盤業績與預算，降低預算比達二％。這些小小的二、三％累積起來，一整年之後能滾成可觀的「複利效應」，非常厲害。不過，「三小」就好，除了事不過三之外，超過三件以上的事情就沒人記得住（包括自己），太多微型目標，也會讓你變成大事不做，瑣事不斷的「微型管理」（Micro-Management）人，所以千萬不要設立太多微型目標。

2. **尋求主管及同事反饋：**雖說是人就愛聽好話，至於壞話，主管說就算了，同事說的絕對不想聽，但奉勸大家在職場上想要進步，還是要戴上厚臉皮，打破玻璃心。

前公司每到考核時分，ＨＲ都會振臂疾呼的一句座右銘：「Feedback is

a gift（反饋是禮物）」，這不是哄著你玩的，江湖上肯對你說大實話而不怕轉身被捅一刀的人，豈不是有情有義又有膽？還是要對人家好一點，而且，明明也心知肚明自己的缺點多如繁星，被說中幾個有什麼關係，還有其他九千九百九十九個沒被贓到，不礙事，笑一笑，注意一下就好。

3. **長線思考職業發展：**這是個人覺得寫績效評估表，最受用、最有建設性的一環。每到這個時期，我都會重新思考自己對職涯的規劃，「以終為始」，和去年相比，有沒有改變？我在公司的進展，是否正以對的速度，往對的方向前進？我的主管及公司，是不是對我也有此規劃與培養？這也是很好的時機，讓你潛心自問，是繼續在這家公司打拚，還是是時候換個東家了？但很多時候，外在環境沒啥大改變，變的反而是自己的心，尤其年輕的時候，一心想往上升遷，最後的終點大多畫在部門高層，不是總經理角色，就是某部門長C×O（Chief Officer of ××）；但現在職業發展多元化，職場裡的角色也不一定像以往般僵固定型，再加上臨老入花叢，職場中後半段，不一定還想向上拚搏（或許時機也錯過了，位子也卡滿了），那就要發揮點創意，想一想自己還能留在企業中發揮貢獻的位子還有哪些。即使是「庶務二課」也沒關係，有薪水、有位子、有健康，你便已經勝過全世界超過七〇％的勞動人口，算是人中龍鳳了。

所以，績效評估表絕對不是寫心酸的，起碼寫的時候你不該感到心酸，而應該感到重要與光榮，因為這是只有你自己能做到的事——從過去學習、評估現在環境、設定未來目標，三點一線，最終這條線會帶你到職涯的最後一站。好好地思考，基於自己的想法而寫，絕對會給你不一樣的光景。若是像我當年一樣，只是複製、貼上，就是虛擲了一年的光陰，重複過去的人生罷了。既然都已經是一件無聊事，何必做得更無聊？何不將它做得更起勁、有趣、有建設性一點？

● 躺平權贏得心法：關於績效評估——工作目標一大三小，主動尋求反饋，長線思考職業發展。

● 目標：用聰明輕鬆的方式，利用績效評估。既然是不得不做的事，就將它做到能對自己發揮最大利益，才不會浪費時間又提不起勁。

# 7 隨時訓練，五分鐘電梯簡報術

不知道其他人如何，當我第一次聽到「電梯簡報」這個詞彙時，心頭充滿疑問，哪一家公司在電梯裡有投影機？還有，整棟大樓都沒有會議室能用嗎？

當然，大家可能都比我清楚，這個詞是指「當某天在電梯遇到重要人物時，能夠運用短暫的搭乘時間，在僅僅數十秒內闡述自己的計畫」的意思。數十秒可能太短，對於大部分本來口條就不俐落，或說話習慣含滷蛋的人來說，光打完招呼，按下樓層鍵就差不多用完了。既然本書的宗旨是「躺平」，我們還是放寬一點，設為五分鐘吧。

也不用設限地點非在電梯不可，舉凡在相逢即是有緣的適當場合內，將自己想要表達的意見或賣點（selling point）清楚傳達給對方。

在這五分鐘內，你必須完成如下事項：

1. **親切問候：**僅僅開朗地叫出對方的名字、簡短問候天氣和身體，就很適宜。千萬不要記錯對方的名字，這是死忌，所有叫過我Elisa的人，全部都被我打入白目冷宮中。

2. **有關「……」想討論：**人不要太貪心，在「……」中，只能是單一事件、單一目標或單一要求，不要塞進其他雜七雜八的事。

3. **感謝對方撥時間，隨後跟進：**只有五分鐘，自然無法將來龍去脈交代得一清二楚，最重要的是埋下種子，立定事後的跟進計畫。

我曾經帶過一名下屬，他的為人非常和善，氣場也很正向，整個人散發著一團佛光，唯一的缺點是講話沒重點，一日開口，就像「雷蒂亞鐵路火車」[1]一樣，看的到頭，看不到尾。我經常私下暱稱他「師兄」。

---

1 Rhaetian Railway，瑞士運輸公司，於二〇二二年十月二十九日正式推出一列重二千九百九十噸、擁有一百節車廂的火車，全長達一・九公里，獲金氏世界紀錄認證爲目前「全球最長」的交通工具。

師兄熱愛電梯簡報，只要堵到你，一定聊上半天，和你分享對生意的各種看法、剖析、建言，但作為主管，有時我真的聽到都要升天了，最後只能看著他開開闔闔的金口，耳邊彷彿傳來陣陣的祝禱，伴隨木魚聲……。

於是，當年的「三六〇度評量」，我就得到所有人對他一致的反饋——「沒重點」，更糟的是，我自己也曾非常坦誠地對他說：「師兄（當然沒有直呼），如果你不改善自己的pitch（推薦案）方式，坦白說，你的領導力是負的。」師兄露出小熊維尼捧著蜂蜜罐，但罐底已空的那種天真又費疑猜的表情：「負的？」我跟他解釋：「意思是說，你講東，人家反而往西；講西，人家會往東……。」

事後，我和其他人講述我的評論，所有人都驚呼：「這也太悲慘了！他受得了嗎？」當然師兄本身為人和善，包容力強，當場是頂了下來了，但想想，那句評論其實從某種方面瞧來，也是一種技能啊！

後來，師兄只要靠近我，我就會打開碼錶功能，五分鐘一到，就喊停，跟他說回去重新整理，明天再來一次（一日之內無法承受第二次木魚轟炸）。

舉這個例子，是想提醒大家務必留意，聽者與說者中不僅存在距離，也存在接受度。因此，你不但要時時觀察對方是否接收到自己遞出的資訊，也必須留意，不要將對方逼在牆角，重複說詞，只會讓大家看見你就逃跑，也扼殺了下一次的「電梯簡報」機會。

要做到以上，只要言簡意賅，廢話不要多，名字不要叫錯就可以。但背後的真功夫，其實是⑴如何將公司中，和自己工作有關的重要影響者時刻放在心中假想，⑵他／她所關心的目標為何？⑶溝通風格如何？⑷怎麼樣的訴求較能打動他／她？⑸除了工作之外，你和他／她平日有何交集？平常只要能這樣要求自己多在心中沙盤推演這些問題，就會發現自己不僅溝通能力變強，對於組織內運作的結構、成敗節點，也更加明朗。

此外，也要知道聽者與說者之間的矛盾，在於聽者永遠只想聽最少的，而說者永遠都想說更多。因此，在「有效表達」上，要訓練自己隨時隨地能針對聽眾需求，用最少的時間與言語，將目標說清楚。這是一種思維邏輯的自我訓練，也可以應用在其他許多工作場合上，只要平日有所訓練，不僅電梯偶遇溝通，即使是大型會議、主管約談、部門會議，也都能表現的沉穩而精簡。

● 躺平權贏得心法：關於縮時簡報——親切問候，表明主旨，事後跟進。

● 目標：將最好的表現變成反射動作，在最意想不到的時機，展現最佳的台風，讓專業能力大大加分。

# 8 記住這三組數字，輕鬆顯出專業又用心

老實說，作為一個主管，最沒耐心的事就是問一個非常基本的問題，然後底下團隊各個人都把頭埋在筆電中，滑鼠敲的震天價響，就是沒人能給一個確切的答案。

當然，每個人也都有經驗，作為一個下屬，當你被問到非常基本的問題，自己不但失憶，電腦檔案堆裡還百尋不著資料時，很想切腹自殺或是原地人體自焚，那種焦慮又自覺廢物的無奈感。

曾經我在某家公司任職時，老總就以「抽考」著名，常常在茶水間抽問，更慘的是在上洗手間時被堵到，馬上抽問當月業績多少？達成率多少？比起去年同期成長多少？試問，這時候誰手邊會有電腦？連手機都來不及拿出來刷！答不出來，馬上被冷眼以對，「You should know better than anyone else in the world.」（你該比這世上其他人都了解。）同事抱怨，撒泡尿出來，職涯就完

了，對，就是這麼快！

這位老總雖然員工緣甚差，害得大家少喝水，常憋尿，腎結石都快憋出來，但不得不說，他的業績掌握度是我看過最高的，而且喊得出來的數字永遠做得到。這時候不得不感嘆，小時候沒去上那個什麼普林斯頓超強記憶法，業績做不到就算了，至少數字背也要背出來！

為了一輩子都不要再面臨這樣的慘境，除了前述五分鐘電梯簡報術，隸屬主動出擊的範疇之外，想做個輕鬆躺平又能獲得「此人工作甚為上心」的好評，有幾組數字，請你務必每天像小學生般複習默念，有朝一日被問到，千萬在三秒內毫不猶豫的回答（如果真的大腦記憶體有限，起碼將檔案儲存在桌面），如此，你一定會獲得上司的信任，也會獲得同事投來崇拜的眼神。

這幾組數字是：

1. **個人業績目標：**包括本月、本季、本年的絕對數字以及與去年成長比，本月業績達成進度及月底業績預估。這一串數字，代表你對自己對內負責的範疇知曉通達。

2. **外部市場分析：**市場總額、成長率、公司及主要競爭者的品牌所占市場份額，以及與上個月及去年相比的數值。這一串數字代表你清楚自己所負責的目標、機會和挑戰點分別在哪。

3. **組織背景側寫：**個人及團隊在公司的年資、考績及經歷。這一串數字，代表你對人才及資源的掌握度。

看到這裡，請不要焦慮，免得晚上夢見高中模擬考，考試卷發下來卻一題都不會寫的噩夢。要記得這些數字，有一個很簡單便捷的方法，自己做表格，整理以上資訊，定時維護，並存在桌面的某個最顯眼的檔案夾中。每天早上一到公司，先打開檔案複習或更新一遍，而不是死背。因為「常在我心」，你會發現自己對於工作的掌握度及清晰度更勝以往。再不濟事，起碼被問到時，答案就存在電腦桌面上，訓練自己三秒內叫出正確檔案的功力，絕對沒問題！

對此，你可能會有些抗拒，心想，好不容易脫離了學生生活，還要背這些東西，這麼命苦，有用嗎？俗話說：「木魚敲久了，講經也會通。」很多事情要能內化並不簡單，但透過熟記數字，理解自己業務範疇以及團隊資源，你會發現自己慢慢地更能抓到生意的脈絡和組織的動態，即使是直覺式判斷，也能更加準確。對企業來說，理解、清楚目標是一項基本能力，而能夠預測走勢，在最少數據和資源下做出正確判斷，則是一項超能力。

行有餘力的話，建議你仿效考古學家的精神，做一張品牌業績或組織圖的歷史軌跡表（historical chart），正所謂「以銅為鏡，可以正衣冠；以古為鏡，可以知興替；以人為鏡，可以明得失」，主管一問，立即展開這張表，馬上可以告訴他過去曾經做過什麼事，成敗得失為何；至於組織圖，則可以參詳一下哪些位子萬年不撤，下次填寫職涯發展需求時可以考慮輪調，哪些位子命懸一線，死都不要被騙去抓交替！

● 躺平權贏得心法：關於職場必考題——個人業績目標，外部市場分析，組織背景側寫。

● 目標：展現對於個人職責的掌控力，以及未來公司走向的預測力，成為受信任的人才。

## 9 讓強項更強，弱項弭平，你就是最厲害的好貓

「全能型人才」、「萬用工具人」、「多合一功能」，是不是你在職場上追求的專業表現呢？

每年的績效評估和發展計畫中，總要和主管推演一番「SWOT」——強項（Strength）、弱向（Weakness）、機會（Opportunities）、威脅（Threats）。通常主管會針對你的「弱項」提出「發展計畫」，不外乎教育訓練、在職訓練、職位輪調或是特殊計畫考核。當然，績效評估是要認真討論、仔細思量的，因為這攸關你的加薪、升等，以及未來的職涯安排；但是對於「發展計畫」，我就建議你高掛牆上，讓所有人都看到你有用心，但真的不用使太大勁，做得差不多就行。

看到這裡，你可能會心生疑惑，覺得我的建議未免太逆反了吧？人生說長不長，說短不短，真的有必要到坐二望三奔四的年紀，再來一次叛逆青春期

嗎？

相信我，這不是叛逆，正因為我們已經在人世間活了幾十年，該有的個性、習慣都已固定，連吃飯慣用手都改不了，更何況是做事情的方式。比方說，突然間要一個素來沉默寡言型的人指天說地、辯才無礙，就算送去催眠也很難；從小英文就不好，小考、段考、會考、多益、英檢都在在驗證了這個鐵一般的現實，難道去上一百個小時的Tutor ABC，就能讓你擁有Ted Talk演說的能力嗎？所以說，「發展計畫」只求不要太差，有所長進，今天比昨天多走一步路，這樣的程度就好，千萬不要癡心妄想要扭轉乾坤，不僅費太多心力，還有可能變成自己都不認識自己的樣子。

當別人都在傻傻地「改進自我」時，你反倒應該找出自己的強項，將之發揮到最大、極大、無限大的地步，如此，你才是個無可取代的人才。

真正無可取代的人才，不是「萬用刀」，而是「開山刀」，一定要借用你的鋒利長才，非你無法開天闢地、四通八達，組織自然缺你不可，大大提升你的自我獨特價值。

我曾經有一年的績效評估，在「須改進之處」（improving area）被標註collaboration（合群合作），原因不為其他，就因為「臉臭」、「沒耐心」加上「愛吵架」，除卻天生性情容易激動，加上行銷魂附體，對事情要求快速、完美，無法體諒產品供應部門為什總是有lead-time（準備時間）、MOQ（minimum of order，最少訂量）、SOP（standard of procedure，標準操作程序）等種種限制，天天去產品供應量部門跳腳；要不然就是質疑財務部門測算的促銷模型（pay-out ratio）抓太高，明明就是促銷，卻搞得跟投資發展中國家基金一樣複雜；不明白為何部門裡小朋友翹頭了，找個人就得等上一、兩個月，無法體會人事部門篩選的藝術跟在菜市場裡挑水果一樣，必須反覆摩擦、推敲，急不得……，總總以上，導致自己不僅胃潰瘍、焦慮症、加討人厭，還被其他部門的人在「三六〇度反饋」時告上好幾筆，列入合作黑名單。

老闆在跟我一條條宣念罪狀時，雖然是匿名的，但光聽內容，我就知道是誰的反饋，心想待回走出會議室就有你好看。宣念完條條罪狀，老闆闔上筆電，問我有什麼感想，應當採取什麼行動？當下也只能俯首認罪啊，心知肚明這些真的是自己曾經幹過的事，雖然是求好心切，恨鐵不成鋼，見不得其他部門同事都在泡茶、嗑瓜子，但與其他部門失和的確不是好事。

「I will do my very best to turn those negative comments into positive.」（我會盡己所能地轉負為正。）老闆冷靜地看著我：「Then you will no longer be the same Elsa that I hired and feel deeply impressed everyday.」（那你就不是那個我所僱用且每天都驚豔的Elsa了。）真是一語驚醒夢中人，何必矯枉過正，強摘的瓜不甜，強改的習慣不久，要我砍掉重練，真還不如重新投胎啊！

之後，我們針對我的三個Strengths（強項）——passion for winning（追求勝利的熱情）、result-driven（結果導向）、solution skill（解決問題的能力），制定更多發展計畫、更高的目標、更廣的跨域範圍，祈使利用我的強項發揮最足、最廣、最大的影響力，表現在生意和組織能見度上，讓管理層及其他部門的同事不僅能看見我的工作表現，並且也能因之受惠。

對於我的缺點，我的老闆只淡淡地說了一句：「Agree to disagree and show respect.」（同意有彼此不同意的空間，表現尊重。）其實這句話有更深一層的轉譯，意思是，面對越是逆耳的話、相歧的意見、迥異的立場，越要理智、優雅、圓融地表達意見，微笑但堅定地述說，不要展露過分的情緒。

在職場上，「笑裡藏刀」才是高招，拿出星錘大斧一陣狂甩猛砍，只是莽漢之舉。有話好好說，不要留下話柄，意見充分表達了，對方顏面亦未失，才是真正的贏家。

反過來說，年底和主管過績效評估時，只要準備好以下三點，包你下個年度繼續躺平、做自己：

1. **強中更強，創造個人無可取代的價值：**針對自己的強項，提出三項應用提案計畫，從而提高業績、能見度、部門影響力。不管黑貓白貓，只要是能抓老鼠的貓就是好貓，貓不用學狗汪汪叫，只要能將屋子裡的鼠輩清除的一乾二淨，更甚者還能借給鄰居清除他們家的老鼠，這隻貓想必能成為萬年萌寵。

2. **弭平弱項，力避大面積損害：**對於自己的弱項，除了多上課、做中學，讓自己不要那麼糟，也可以想辦法以強項掩蓋弱項，或者以損害控制（damage control）的方式處理，請主管交辦任務時避開需要弱項技能。

3. **放開心胸，提升學習力：**不一定要繞著自己已經熟悉的技能或任務範圍打轉，可以多方接觸，學習新技能，挖掘更多可能的強項。比方說，語言能力普普，可以加強談判與溝通能力，畢竟生意談得成最重要；分析能力不好，可以加強演說能力，爭取更多佈達或訓練的計畫。

現在就開始，為年底績效評估那番談話打好腹稿吧！

- 躺平權贏得心法：關於績效評估後溝通——創造無可取代強項，弭平弱項傷害面積，以學習導向。
- 目標：在做自己，不勉強的範疇裡，盡情發揮，不斷積累經驗與內力，同時讓主管看見你的上進心。

# 10 語言能力與溝通能力並不能畫上等號

面試時，人資部門大多會發下一個表格，讓你填寫自己的語言能力。第一外語已經不用特別註明，大部分都直接設定為「英文」，只需要直接填入聽、說、讀、寫的流暢能力。相信很多人在自評的時候，都會自動提升幾個等次，中下變普通，普通變優良，不為什麼，這個社會普遍重視英文能力，但令人意外的是出社會後，用到英文的機會並不如我們想像中得多或能力要多高。

英文究竟重不重要？會問這個問題的人，想必還在掙扎要不要刷一筆Tutor ABC的錢幫小孩揠苗助長，或是給自己中年補強一下，據說，跟東南亞的老師聊天，收費比較低，跟高加索種的白人比較貴。

這樣說吧，除卻升學之外，一般而言，英文讀、寫在職場上的使用頻率其實不高，除非是在外商公司。但即使是外商公司，也分很多體質——美商台骨、法商中骨、英商新加坡骨……，只要是台灣人、中國人、華人多的公司，大部分Email最後都會落入中英文夾雜的階段。Presentation Deck（簡報）也要看對象，如果沒個鬼佬在場，你自作聰明全寫英文，然後用中文報告，常常也會有人舉手發問：「什麼意思？」

雖然如此，還是要奉勸大家，一定要培養自己或是小孩「敢說」的勇氣，畢竟「讀、寫」可以靠Google translate代工，「聽」可以靠Netflix培養，唯有「說」真的得靠自己「被討厭的勇氣」。

記得二十幾年前，我到藍色城堡應徵時，面試官問我：「英文能力如何？」我誠實的說讀和寫沒問題，但聽、說就很吃力。「我不是native speaker（母語人士），總覺得說起英文來怪怪的。」面試官回了我一句：「我也不是啊，全世界認真算起來有多少%的人是？」（她是台灣女生。）

若顧慮自己英文說的不夠標準而不敢開口，其實只是心魔纏身而已，沒必要，和世界上大部分的國家、民族一樣，英文本來就不是我們的母語，發音不標準很正常，雖然它現在是排名第一的國際共通語言，那僅僅是因為當前最多人使用，但全世界的華語人口也不少，難保哪一天中文不會超英趕美，變成第一名，衝著這點，我對於具有華語能力的我們還是深具信心。畢竟比起英語來，華語的入門檻更高，光是「嗎痲馬罵」加上「你好嗎」就能組合出「你好痲」、「你好馬」、「你好罵」……的變化！抑揚頓挫的絲毫變化就能產生千里之差，把一大票非華語人口打趴。

只是在榮光時刻到來之前，我們還是得先培養自己的能見度。⑴語言是溝通的工具，嚴格來說，只要溝通得宜，目的已然達成。⑵語言是活用的，口音、文法、用字，全都與時俱進，沒有絕對的標準。劍橋字典、《TIME》雜誌每年都有新的字彙被創造出來，也常見優秀的演員能夠不斷地變換口音，語言的魅力就在於群體共生演進，不斷地活化。⑶比起說不好，更慘的是說不出來，甚至被當啞巴。關於這點，我覺得台灣人非常吃虧，比起香港人、新加坡人，甚至整個華人，我們就是極面薄、極惜言如金，開口必慎選字彙與文法，一定要在腦袋裡演練過一百次才敢說出口，等到好不容易開口，話題早就過去了。

曾經有對自己英文不甚有信心的小朋友詢問我，如何加強語言能力？我首先提醒她，語言能力不等同溝通能力，很多英文流利、嚇嚇叫的ＡＢＣ，講起話來毫無重點，令人忍不住想用手掌對著他的臉，比出「住口」的手勢。我給了她三個建議：

1. **抓對關鍵字：**每次交談，一定有幾個關鍵字，只要事先把該次談話、發言的主題搞清楚，將關鍵字反覆唸過幾次，確認音節沒少、發音沒錯，對方只要聽到了關鍵字，大概十之八九都能理解你在說什麼。但是，要做到這點並不容易，甚至比外語流利還要難，因為你必須更加深入了解這次談話的內容，提綱挈領、融會貫通，才能篩選出幾個有絕對把握的字彙與句型。能做到這點的人，不僅外語能力會提升，連商業談判與溝通能力也會大為進步。

2. **敢說大聲說：**一旦抓對關鍵字與談話重點，千萬要以充足的中氣與滿滿的自信，敞開聲量溝通，切忌畏畏縮縮，口型不張、含滷蛋。以我多年觀察的經驗，英語「說」的好不好其次，許多人就敗在聲量，說中文時轟聲如雷，說英文時瞬間變成櫻桃小口加含滷蛋，底氣全無。再次奉勸大家，只要能開口，就有溝通的機會，信心與聲波絕對能將你的心意傳送給對方！

3. **確認再確認**：除了透過眼神確認對方是否理解，也別忘了在話語最後加上一句「Any question?」（有問題嗎？）或「Make Sense?」（理解嗎？）或「Am I making myself clear?」（我說的夠清楚嗎？）要使用什麼字彙與句型可以自行決定，重點是要給對方喘息的空間，不要一口氣說到底，一起跑就直達終點線，這樣絕對會錯過交流的空間！也不要害怕對方問問題，事實上，問問題才表示溝通的開始，換個方向思考，對方反問你「Can you repeat again?」，即等於獲得再說一次的機會！

我還是菜鳥時，常常犯了「力求完美再發言」的毛病，後來混久了，看過幾個地方的人開口說英文，心裡默默讚嘆：「挖塞，這樣也行？」於是自信心爆棚，加上曾經擔任的幾項職務是被丟到全球團隊裡，整天被英語轟炸，終於，敢說的能力超越讀、寫能力。

再者，如果你常與東北亞的同事相處，就會發現自己的英文還可以啦（哈哈哈），日本同事與韓國同事人都很好，但一開口說英文，我的自信心就莫名地能提升五%，更甭提天生舌繫帶短小的印度人，因為無法捲舌，也無法舌貼上顎，所以永遠沒有R，也沒有T，就算這樣，人家還是能夠嘰哩咕嚕講不停，不管全場根本沒人聽得懂，我們是在怕什麼?!

所以，英文很重要，但「敢說」比什麼都厲害！

- **躺平權贏得心法：**關於英文能力——抓對關鍵字，敢說大聲說，確認再確認。
- **目標：**自己的能力再有限，也能有效率地駕馭英文，語言是工具，而不是讓語言來奴役你。

# PART 3

# I-*Image*
## 個人形象人設佳

讀了本章之後……

你能輕鬆建立人見人愛，想插針，也找不到縫的職場人設，處處結善緣、得貴人，並且深諳職場暗流，避開被捲入向下的漩渦。

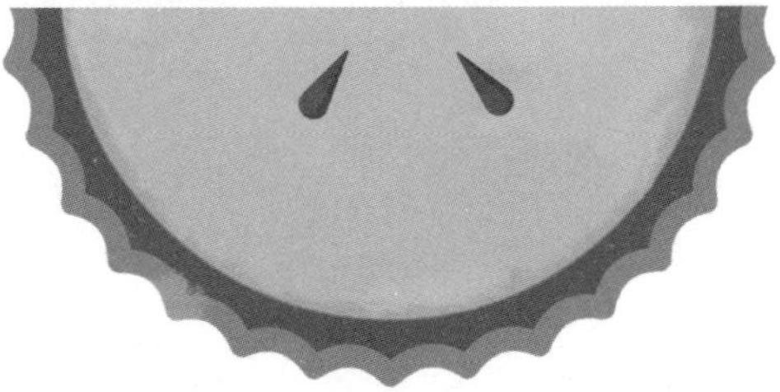

# 1 決定自己的職場人設

除了整形，父母將我們生成怎樣就是怎樣，胖瘦、高矮、膚色、髮量，皆無法改變。但在職場上，彷彿重生，想成為什麼樣的人，希望在別人眼中自己是什麼樣的形象，是可以依照自己的想法、能力、個性進行目標設定的，有點像臉書上的替身角色，或者美拍軟體內的各式濾鏡。這也是一個「以終為始」的良好練習。

「職場人設」與一般在媒體上所看到的政治明星、時尚名模、網紅KOL的人設不太一樣，它更在乎攸關專業的部分，而且大家願意給予的時間更少，往往只是一個會議中的一句話，或是一封Email的回覆方式，就會決定你的人設。

在工作上，大家願意給予彼此的耐心較低，第二機會甚少，因此進入一家公司前，要先規劃好自己的職場人設是什麼，簡單來說，就是設想「當別人在八卦『新來的同事怎麼樣』，只有一分鐘會談到你時，會怎麼說你？」

「開會低頭，不出聲，只看得到頭皮」、「早上第一個到，但都在吃麵線，搞得辦公室超臭」、「辦公室最晚走，不知道都在忙什麼」、「講電話超大聲，怕對方耳聾一樣」、「部門聚餐永遠夾菜最多，還自帶打包盒」……，不要懷疑，這些都是我聽過的「一分鐘人設說法」，如此的雜沓、沒重點，彷彿談話綜藝節目裡的梗牌。不能怪群眾盲目，當你沒有訂定一開始的職場人設，並持之以恆地傳遞代表你這人的訊息時，大家只能抓一些雞毛蒜皮的事情來標籤你，甚至連標籤都不貼——「誰？坐在盆栽旁邊那個嗎？」

以下與大家分享我常拿來定位同事的象限法，幫助大家練習自我設定。以實力為橫軸，以表現方法為縱軸。（請參見下頁圖）

在職場上，一定要有實力，因此橫軸不分有、無，只分軟、硬。（當然，職場上也有沒有實力的人才，不過我們不要這樣自我定位，畢竟這就像逆向上國道，不用五分鐘，就被警察伯伯處理了！）「硬實力」泛指專業技術能力，也就是這個職位所需要的知識能力，通常在ＪＤ（Job Description，職務描述）

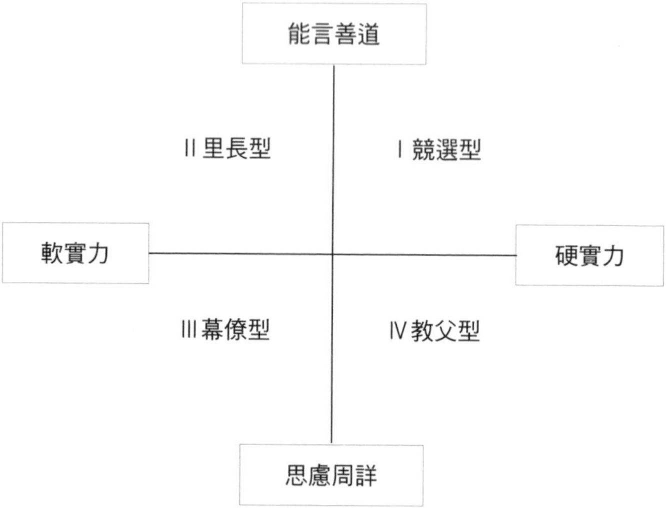


上會註明，比方學歷、證照、相關產業經驗；「軟實力」則較無法量化，與團隊協作能力相關，比如適應力、EQ、耐心、傾聽與溝通等。

至於表現方法（縱軸），畢竟每個人都有自己的個性，順著天性做事比較好，否則天天都像在演平行世界裡的自己，久了也會人格分裂。

**Ⅰ競選型：**這種人一開始就會站在舞台的聚光燈下，讓所有人都能看到他，屬於外商企業最喜歡的類型，面試時，就算不是這樣的人設，最好裝也要裝得像一點。不過，人怕出名豬怕肥，要站在這個象限，就要有備受關注，甚至飽受攻訐的準備，但不可否認，剛進入企業的菜雞們，頭三個月還是盡量以此為目標，天天對自己喊：「凍蒜！」

**Ⅱ里長伯：**這是最容易融入群眾的類型，很快就能讓同事接受你，打成一片。不過不要誤會，軟實力不代表沒有實力，而是你的溝通與協作能力甚強，又能言善道，具有弱化對方腦波的超能力，常常會被賦予組織內跨部門或多工計畫的角色，一樣曝光度高，不容易被忽視。

**Ⅲ幕僚型：**每個組織裏都需要這種類似冷卻機的角色，當一票人都往外衝時，總要有一、兩個人能夠冷靜地衡量局勢，提出建言。通常supporting function（支持協作部門，如人資、總務行政、供應鏈生產）特別需要這類人設特質，不過不代表你在業務或行銷部門，不能選擇這類人設擔當。如果你是屬於冷靜、人和、能謀事又能成事的人，其實在公司中是最難被取代，也最容易被高層所倚重。

**Ⅳ教父型：**這類型的人就是會默默地走過來對你說出電影《教父》裡萬古不朽的台詞：「I'm gonna make you an offer you can't refuse.」（我要給你一個你無法拒絕的條件。）然後留你目瞪口呆、嘴巴開開地在位子上，心想我剛剛答應了什麼，如此一擊中的的重量級選手，老實說，我一生中沒見過幾個，自己也是到了職場中後半部，才能偶爾如此，撂下狠話，過過乾癮。

這四種職場人設，只是我個人拿來粗略定位的方式，你也可以自己將橫軸、縱軸轉換成與這間公司相關度高的衡量標準。但大抵來說，初入一間新的公司，還是建議以Ⅰ或Ⅱ為主，盡量發言、斡旋、表達自己的意見，起碼讓大家聽到你，只是要以實力為根基。而隨著資歷累加，在公司的影響力加大，你可以視自己的性向，考慮要不要往Ⅲ或Ⅳ發展。

回想我剛出社會，加入第一家公司的職場人設，雖然不是預設好的，但也十分突出鮮明，就是第四象限的教父型，幫我搏到「臭臉妹」的稱號。某任老闆曾經說過：「Elsa沉默寡言，但一出口一定要聽！」他的意思是我總是最後一個發言，但一定有data support（數據支撐）、fact-based suggestion（以事實為根基的建議），殊不知我是忍耐了一整個會議，實在受不了大家胡扯瞎扯，趕緊提出一、兩句建議，否則大人們聊得口沫橫飛，忘了時間，我們這些小咖出了會議室門，還要做事的啊！

建議不管是初入職場，或是已然老鳥的你，都可以重新思索自己的職場人設，才能在企業裡立於不敗之地。

- **躺平權贏得心法：**關於自我職場人設——衡量實力軟硬，找出溝通類型，隨職場歷程轉換。
- **目標：**在公司芸芸眾生中，樹立且鮮明化自我定位，等同建立個人品牌，立於不敗、不被忽略之地。

## 2 打通辦公室三寶，人緣絕對好

決定好自己的人設路線，下一步就是經營口碑行銷，在這個人人都是自媒體、自帶流量的時代，在辦公室內務必要特別經營三種KOL（Key Opinion Leader）的關係，這「辦公室三寶」是大家最意想不到的——**櫃台接待、清潔阿姨（或伯伯），以及待退休的資深前輩**。

大部分的上進人士，野心勃勃地進公司，大概最想取悅的就是部門主管、人資經理及大老闆吧？在這些人面前畢恭畢敬，鞠躬哈腰，用盡各式各樣敬語，不是說不對，這樣的行為是一百個政治正確，而且請你務必也要盡力，但老實說，這麼操作屬於基本常識與本能，是人就會做，只要是拿薪水的員工誰不會呢？正因為如此，你不但與一般人無異，而且更現實的是，這些金字塔高層人員，天天面臨底下萬千庶民的頂禮膜拜，頭一低下去，大家的後腦杓長得都一樣，除非你很特別，如童山濯濯或頭角崢嶸，否則誰記得你是何人、何姓、有何特出之處？更別提幫你宣傳了。

如果以reach（觸及率）的角度看來，櫃台每天不僅要接觸辦公室裡的每個人，還必須記得每個人的分機號碼，要幫忙收受包裹，甚或Uber Eat，她／他也是公司對內或對外的門面，每天進公司時，大聲和櫃台說早安，下班時道聲「辛苦了」，空檔時，自己親自到櫃台收包裹或外賣並道謝，別等人家送來給你，不用多說，自然而然會流出「這個人很有禮貌」的好名聲。

我曾在某公司，活生生聽過櫃台接待人員大聲地對快遞人員說：「下次某某某再訂海鮮來公司，我才不幫忙冰進冷凍櫃，直接擺在這裡，給它發臭！」後來自己覺得不妥，才改口：「直接放到他的位子，給它發臭！」想來，這位某某某同仁，不知為何很愛訂購需要冷藏、冷凍的生鮮送到公司，然後讓櫃台代他冰進冰箱，有時還要代為拆箱、分類，給櫃檯添了不少麻煩。

再來是清潔阿姨或伯伯，每天遇到她／他打掃茶水間或是幫忙清理你身邊垃圾桶時，務必要道謝，說一聲：「阿姨（叔叔）謝謝喔。」同時，也要盡力維持自己辦公範圍周遭的整潔，垃圾桶裡也不要丟棄難以清理的雜物，如沒喝完的飲料、黏答答的果皮，寧可多走一段路，將這些東西丟到專屬垃圾桶裡，做好垃圾分類，也不要讓清潔人員在你的垃圾桶中花費不合理的時間，埋首清理。

我從清潔阿姨口中聽到過的八卦簡直令人慘不忍聞，包含前任人員的落髮狀況及衛生習慣、辦公室裡誰喝太多珍奶，早晚得糖尿病……，有一次甚至還跟我說：「你之前那位的信用卡帳單刷很兇。」我心想帳單也不用碎紙處理一下，是要阿姨幫你繳費，還是怎樣呢？

最後，公司中即將退休的資深人員也要多關心，早晚問安，有事沒事多上前搭話聊天，「家有一老如有一寶」，這些在公司中看盡風雨的前輩，對你肯定傾囊相授，該避的坑、該躲的雷無不據實以告，你自然能逢凶化吉，行路順遂。

我就曾經受惠於這些老寶貝，巧妙地逃過調職風暴。曾經有任部門主管一直鼓勵我職位輪調到另一個部門歷練，於是我請教了坐在窗邊角落的伯伯阿姨們，他們異口同聲五個字：「別當肉包子」，原來那個部門主管堪比電視劇

《甄嬛傳》裡最狠的華妃，或是《還珠格格》中的容嬤嬤，以幫助成長為名，實則壓榨下屬著名（雖然自己是肉包子，但不能說人家是狗，這樣太沒禮貌了），一旦接受輪調，絕對是有去無回了。

讀到這裡，不知你有沒有發現，在職場上，其實無需太多心機算計或投機取巧，也不需要所謂的擒賊擒王，只要廣結善緣，勤勤懇懇地對待身邊的人，做個公平、善良、體貼的人，自然會有好人緣，不知不覺中，大家都會為你宣傳好名聲，成就好評是多麼簡單而不費心力！

縱使一開始是藉由這三寶在公司內根深柢固的歷史，以及無遠弗屆的雜談力與影響力，幫助你建立受歡迎的名聲，但事實上，面對這些職場上與你最無利益關係，但卻為你、為公司默默付出甚多的人，你所展現出來的態度決定了你的氣度與格局——能否成為一個不「因位廢人」，有品有格的職人，這在未來成為領導者的路上，會是一項難得而珍貴的素質。

● 躺平權贏得心法：關於人緣——尊敬職場三寶，廣結善緣，勤懇待人。

● 目標：從小地方展現大格局，讓所有人都變成你的正向宣傳，真心做善事也得到善果。

# 3 人紅是非多，高調做事，低調做人

我常在職場上看到翻船的大紅人。越是勢頭正好，順風順水的船隻，越容易被突來的大浪沖個翻天，支離破碎。在職場上也是如此，沒有別的原因，樹大招風，船快浪頭大，人一旦昂首闊步，便不懂得低調謙和而已。

若是跟隨到公司內紅得發紫，又特別強勢的主管，就像搭上順風船，倏忽間，可以前進幾百英尺，大大縮短達標的時間，但也可能哪天突然被根竹蒿打下船，千萬別像跟在母雞後面的小雞，天真無邪，亦步亦趨的，哪天母雞被抓去宰了，小雞便只能祈禱自己將來很會下蛋……。

以下的例子便是活生生在我面前上演的職場翻船記。

K是公司中呼風喚雨的一代梟雄，可比上海灘的許文強，畢業於長春藤名校，頭腦轉得快，口才也一流，從總部調派過來台灣，聽說推展過的品牌生意都大漲，不知道是拜到什麼好仙……，話雖帶酸，但當時我聽過他幾次簡報，的確是個頭腦清晰、決斷明快的專業經理人，最重要的是，社交手腕甚佳，周圍的人，從上到下，從老闆到總機，大家都喜歡他，天天上班，都看到他像個推拿師傅一樣，四處忙著和人擊掌握手或拍肩敲背。這種人在外商就是最能吃得開的人才，但我和這樣的人一向不對頭，不曉得哪位天師說過，或許是我自己夢到過，人人好的人其實對誰都不好，於是我對K一向都是能多遠就躲多遠。

生意好、老闆疼、眾人愛，久而久之，自然會露出點馬腳，而且腳似乎甚長，越來越難收斂齊整。因為隻身赴台工作，他聲稱自己單身，於是辦公室中眾孤家寡人、曠男怨女們無不躁動起來，畢竟眼前這枚好貨不只是個優質潛力股，還是黃金單身漢呢！

某天，辦公室內竟然傳出他和團隊出差，晚間開Party時，一位女同事酥胸半露地躺在他胸膛，雙頰紅通通，露出幸福微笑的照片。由於那名女孩不是他的直線下屬，所以大家一時之間並無反感，HR也沒有警鈴大作，眾人認為這是一段充滿粉紅泡泡的辦公室戀情，只要沒有直線匯報的利害關係，並無大礙。問題是當有人裝熟，趨前恭喜他新戀初成時，他卻否認這段關係，說：「只是一般的Business Dinner而已。」（細肩帶Bra Top，事業線盡出的Business Attire，我還是第一次看過。）

再過一陣子，辦公室又傳來新爆料，是他和另一位非直線下屬，在眾人鼓譟之下，於燒肉店內熱吻三十秒的現場直擊影片（這時，我相當懷疑自己是在《壹週刊》工作）。這位非直線下屬，一直以來都是名花有主的狀態，難道最近易主了嗎？好事者再趨前採訪，得到了「那是燒肉店的促銷，可以有免費的五花豬肉盤。」這樣聽來合理，細想還是怪怪的說法——以他的職位和業績表現，又是外派人員，年薪應當破好幾個百萬，一盤五花肉，很貴嗎？如果真要促進團隊情誼，炒熱氣氛，旁邊有禿頭胖肚的業務大叔凱文啊，你倆互啄一下，整場豈不high翻？下個月量販店通路業績肯定沒問題啊！

事情的演變越來越離奇，但他負責的品牌業績大好，在公司內話語權甚高，大家都在猜測，他會是下一任的部門總監。

某日，業績考評的結果出來了，雖然考評的結果是機密，但在辦公室這奇異的結界中，哪有真正的機密可言，只有傳得快和傳得慢的差別，讓你能充分判斷自己究竟是八卦磁鐵或資訊絕緣體。很快地，大家發現，凡是登上他那條船的知心下屬、紅粉知己，都獲得極佳的評等，絕對是一人得道，「知己」升天。

當明顯是資訊絕緣體的我剛得知這個消息，還來不及忿忿不平時，就接到了一個新品上市案，必須加速處理，因此，那個週末，我破天荒地到辦公室加班。對著筆電鍵盤敲打不停的我聽見幾乎空無一人的辦公室突然一陣騷動，抬頭一看，親眼目睹平日風流倜儻、意氣風發的K，面容衰敗，平時抓得老高的貝克漢雞冠頭變得又油又塌，彷如豬哥亮碗蓋般，身後跟著部門總監和HR負責人，旁邊還有一位保全人員（我從沒看過這家公司有保全人員，強烈懷疑是不是HR雇了臨演並去西門町青龍租了戲服），盯著他收拾細軟，交出筆電與員工證，然後三人押送著抱著紙箱的他，走出公司大門。

現場，我真的有種親眼見到靈異事件的感覺。

「鬼抓人」事件的隔天，大夥無不化身福爾摩斯或亞森羅蘋，進行各種猜測，有人說K患了隱疾，必須回鄉治療（這說法實在更啟人疑竇），有人說K出賣商業情報給對手，現在正在警局做筆錄（一家賣洗髮精和紙尿布的公司，商業情報很值錢嗎？）當大家轉頭來問我的看法（顯然不帶什麼期望，只是不想讓我感覺被排擠），我便淡淡地說：「我是不知道原因，但是昨天我在現場。」

接下來，彷彿就地投下深水炸彈，我被一堆問題淹沒——有沒有被戴上手銬？有沒有家人來接他？是家人還是女朋友，有幾個？救護車來了嗎？是躺在擔架上出去的嗎？

當時並沒有人出一本關於「職場躺平權」的書來教導我各種人際關係經營之道，但我上升星座隸屬金牛的那根天線，突然發出警報，提醒我言多必失，我便說：「簡報都寫不出來了，哪有時間查案。」當場得到一波波失望的嗟嘆聲。

後來，當真相曝露時，我真心覺得，不只是主管，老百姓們平時也應該謙卑虔誠，領公司薪水，就好好做事，否則得罪了孤魂野鬼，即使神佛也救不了你。

原來，問題出在K的紅粉知己、私人祕書V身上。V負責K的一切庶務，包括會議安排、差旅住宿、早餐午餐下午茶（不知道有沒有乾洗收送）……，某種程度上，也算是幫他持家了吧！須知，在女人的世界裡，向來情場如戰場，一旦被背叛，管你將不將、帥不帥，保證使出焦土政策，屠殺到兵卒無存，寸草不生。

V負責K的差旅報帳，在她細心核對之下，發現了多筆私報公帳的旅館住宿費、餐飲費、A去B回的機票加價，甚至還有東京迪士尼的門票（？），她將這些收據一一蒐集，細心列表，集結成冊，一狀告上HR東廠，證據齊全，專業度可比FBI辦案，K自然百口莫辯，俯首認罪。

公司勉強讓K以自動辭職的方式離開，算是給他面子，我認為這是這家公司雖通人性，但卻不夠公正之處。道德法則（Moral Conduct）是進入每家公司時，HR必讓你簽署的文件，私報公帳絕對是被開除的不當行為之一，見微知著，差旅報帳都能出問題，將來掌管公司營運，還不掏空財庫，五鬼運財？

問題爆發開來，K在公司內的知己及隨從們，無不面露土色，原來自己搭上的是一艘神鬼奇航的海盜船，順風順水的老闆突然犯沖、遇到鬼，其「麾下」的同事無不瞬間失魂落魄、斷了魂，而原本就不投機、不對頭的冤親債主們更是議論紛紛，恨不得泡茶、點香，大家一起來開講座，八卦兼清談。

如果有幸，在你面前活生生上演這樣的翻船大災難，記得一定要做到：

1. **保持冷靜中立，裝傻裝邊緣：**不管是不是自己的主管或同事，當紅炸子雞失勢，在水落石出之前，辦公室總會掀起一陣漩渦，大家不是在八卦猜忌，便是猜測風向。這時候，千萬保持冷靜中立，有人要跟你聊八卦，就說自己不在權力核心，什麼都不清楚。切記，辦公室越是喧囂擾嚷，越要低頭認真工作，表現專業的態度，不多問，也不閒談。

2. **避免多嘴失言，公親變事主：**人都是一樣的，知道得越多，越想和盤托出，特別是大家都用期盼的眼神看著你，那股想要登台引吭高歌的表演欲就出來了。但在職場上，山水有相逢，千萬不要落井下石，跟著大家多說兩句，就算他一時時運不濟或品德不尊，被衰鬼抓走，你怎麼知道他會不會變成衰鬼再來抓你呢？

3. **前人踩坑我避坑，勿重蹈覆轍：**我遇到的案例屬於非常明顯的道德違反，但有時候，公司的規章多如牛毛，員工手冊厚厚一本，一堆你不能做，一做就會被開除的事，想都想不到。試想，你在入職時，有仔細翻閱過員工手冊的每一頁嗎？我就曾經聽聞一個同事，因為家中經營農產品，幫忙設計網頁和處理訂單，被公司認定「一人多職」而被開除，說實話，在這個斜槓的年代裡，哪個人沒有第二收入?!但也因為這位同事的壯烈捐軀，公司一堆人紛紛把自己的兼職、代工、私媒體關閉。不為什麼，老天要坑誰也預料不到，只有公司要炒你的時候才知道。

面對這個靈異事件，因加班而目睹這一切的我謹守上述原則，保持緘默，未對外說出當天情況。事故隔天一早，部門總監，也就是翻船主管的主管，太上老君的職等，召我覲見。我自然戰戰兢兢，心想千萬不要殺我滅口，我只是來加班的，什麼都沒看到（事實上看得一清二楚）。想不到太上老君是要調派我當時的直屬主管接手K出缺的位置，也因為這樣的調動，多出了一個品牌經理的職缺，他決定讓我升遷。他在恭喜我的時候，也低聲說了一句：「我認為你的表現很專業，也希望你繼續保持，不要再為辦公室增添無謂的風波，好好穩住生意。」

事實證明，公司要的是會做事的人，應對方式正確，抵抗力大增。這個事件不僅讓我在職涯上更上一層樓，也學到珍貴的一課——若非守口如瓶，我可能沒辦法贏得管理層篤定而決斷的拔擢。這便是冷靜中立，裝傻低頭做事的好處。

K雖然私德可議，但專業能力仍在，經過這一次教訓，公司也對他網開一面，後來在外面，也混到一家大公司外商高管的職位，當時在辦公室裡說三道四、繪聲繪影的同事們，無不心存寒意，深怕話傳到他耳朵裡，哪天自己出去外面找工作，被匯報給他。這並不是都市傳說，這類撞鬼事件在外商圈真的天天都有。倘若當時你曾落井下石，未來再相遇，難道還會有好日子過嗎？

職場就是修羅場，要避開魑魅魍魎，平時就要修善積德。總有「傲客」大搖大擺後，犯錯失勢，讓你額手稱慶，這種「現世報」，是人就愛聽，聽了就會爽。但爽在心裡就好，是是非非，紛紛擾擾，都不要和稀泥，我們是專業出來賣的，不是來講鬼故事的喔！

- 躺平權贏得心法：關於公司八卦——保持冷靜中立；避免多嘴失言；有坑可鑑，勿重蹈覆轍。
- 目標：避開職場牛鬼蛇神、髒東西，營造專業人設，避免攪入亂局，葬送好名聲。

# 4 理直氣要平，越是正確的話，越要好好說

美劇看多了，常常聽到「This is not personal.」（這不是針對你）這句話。但在華人的社會裡，「對事不對人」是不存在的，就算說了，也是心口不一。我們從小到大，耳濡目染的儒家文化、孔孟思想，又要「里仁為美」，又要君臣父子，人際關係和睦為上，導致我們其實一直都是「對事又對人」。

而這種以和為貴的羈絆程度，在兩岸三地又有分別。我在香港工作時，常常覺得香港人特愛吵架，一開口就劈哩啪啦不斷，後來略略「識聽唔識講」（會聽，不會說）之後，聽得出來，其實只是廣東話的聲腔比較像鞭炮，言語內容還是多以禮讓為主。而在中國大陸工作時，不同區域又有差別，一樣是說普通話，北京人大鳴大放、心直口快、上海人吳儂軟語卻心機多也碎嘴，廣東人大多溫厚慢調，至於四川人……我真的不知道你們在說什麼。工作上，最好不要得罪上海人，他們聰明、心竅多，整你的方法也多，至於其他地方的人，

直來直往慣了，就算吵起來，事後肩搭肩、手把手，一起去喝個三杯，什麼事都沒了。

但在台灣，千千萬萬不要在言語間流露個人情緒，台灣人重視「和氣生財」的程度是華人當中最高的，這樣的積習究竟從何而出，實在不可考，雖然這可能是台灣人可愛的地方，「最美的風景是人」，對人要殷勤、親切、厚道的觀念深植於我們的思想中，但在公事上，卻常常導致公私不分、人事交纏的局面。

想要就事論事，言語上應該和藹圓滑，否則萬一得罪人，從此被貼上「難相處」、「ＥＱ差」的標籤，之後再想要合作就難了。

本性屬於一根腸子通到底，傻大姊性格的我，加上一直在外商公司工作，基本上不太顧慮應對進退，況且職涯中有一半的時間都不在台灣工作，也習慣了中國大陸的「狼性」及「求快」、「求狠」的溝通方式，剛回台灣就職時，便時常得罪人而不自知。當時，我只覺得開會時，大家老在雲裡霧裡打高空，不但沒有指出真正的問題，也提不出解決方案，所以經常在會議中點名負責部門或人士，要求他們「提出解釋」，甚至直言「我只聽解決方案，不聽解釋」之類的話；當其他部門與合作窗口出包時，也毫不客氣的指出錯誤，並要求限時解決。後來，遭遇到多椿軟釘子，不管怎樣，專案都無法推進，同事也多擺出防衛的態度，讓我著急了好一陣子，直到有好心的前輩告誡我：「講話別太衝，這些人不用害你，光是不幫忙，你的日子就夠嗆了。」才幡然醒悟。

「直面反饋」、「指出缺失」、「提出解決方案」，看起來都是正確明快的工作方式，嚴格來說，任何一本管理學的書都不會告訴你這麼做有何錯誤，不過教科書就只是教科書，人生是靠血淚堆疊出來的，經驗告訴我，越是正確的話越要好好說，理直氣要平！為什麼？因為事實正確不代表政治正確，也不代表大家能夠接受，只代表「你抓到對方的痛處」，而越痛越難讓人冷靜處理，於是「見笑轉生氣」，反而常常導致口角徒生，兩敗俱傷。

人是複雜的動物，雖有理智，但自尊更高，想做自己，又在乎他人眼光，誰都摸不清自己到底是什麼樣的脾性，否則怎麼會有那麼多人研究占星術、塔羅牌、人類學，試圖告訴你「你是誰」呢！唯一可以確認的是，當一個巴掌熱辣辣地打在自己臉上，就算錯的是自己，僅有少之又少的天選之人能有足夠的修養思過改正，而修養又是靠歲月和歷練堆砌而來，辦公室裡有多少人擁有這種氣度？

想要在辦公室裡當個人設佳、形象好的好咖，不求人人將你排在ＶＩＰ合作名單上，起碼不暗箭傷人，一天到晚給軟釘子碰，不管是開會討論，還是談判斡旋，千萬要秉持以下三個原則：

1. **三明治溝通法**：溝通時，第一層先短暫感謝對方的支持，第二層以平和的語氣說出你所見到需要改進的地方，最後一層則表示自己願意和對方一起努力，給予協助。這樣的溝通方法，主旨在於降低對方的防衛心。
2. **積極尋求雙贏**：沒有交集的兩個人，就會永遠站在對立的兩方，因此在所有的溝通談判之前，一定要先找出雙贏的局面，再利用這樣的前景引起對方興趣，採取行動。
3. **大方讓出功勞**：事情若能圓滿結束，千萬要尋求適當的場合，在對方或彼此的上司前面感謝對方，將功勞讓出。如此，不僅會讓對方更有與你合作的動力，也會感覺到「聽他的話，好像總是對的」，有了信任基礎，之後無須再多費唇舌，便能快速通關。

「人老了，磨成精」，常常在辦公室裡看到毛都還沒長齊的菜鳥，自恃有理走遍天下，翻桌、灑文件、大呼小叫時，我都會為他們默念佛號，代為祈禱未來的路上，絆腳石不求少，但不要踢到太大顆的，跌得太慘，以致頭破血流就不好了。

當然也有年紀一大把了，還情緒不穩，不怕被冠上中年失智或更年期之名，辦公室關起門來仍聽得見裡頭亂槍掃射，我也是替他們感到擔憂，職場上善終之身已然少見，不怕自己邁上「楢山節考」之路，被送到山上養老村等死，也是膽識過人，只能暗地讚賞，並且警惕自己，除非做好回家吃自己的準備，否則別在辦公室裡隨便流露出個人情緒，亮刀亮槍，等同將脖子奉上，任人宰割。

● 躺平權贏得心法：關於職場溝通術——三明治溝通法，積極尋求雙贏，大放讓出功勞。

● 目標：既能達到目的，又不張揚舞爪成為箭靶，正確的話好好說，不因言失人，成為ＥＱ高、善溝通的專家。

# 5 正向結黨營私，互相照應

人類自遠古以來，就是群居的動物，無法脫離社群生活獨立生存，無論是狩獵、農耕、畜牧皆然，遑論現代職場。從馬斯洛的需求理論來看，人類群居基於四大理由：滿足生理、安全、社交以及尊嚴需求。生理和安全需求屬於求生範疇，自不在話下，而社交及尊嚴需求，更充分說明了我們在職場上不應該獨來獨往的重要性。

雖然說職場已屬文明範疇，但職場上的「安全需求」絕對是你必須「結黨營私」的原因，不是要你在辦公室裡動不動就拖人對堵，而是需要有人聽到不利於你的謠言時，第一時間幫忙澄清，或是回頭通報，讓你做好止血的準備。

職場裡，心胸寬大、行事磊落的人不少，但更多的是人云亦云、隔岸觀火還自帶板凳的人。流言之所以能傳來傳去，就是因為事不關己，還不用錢，如果真要細數，相信你與我一樣，也曾經遭遇過不少荒謬的事。

曾經，我因為剛到某家公司，不懂得「入黨」的重要性，下班後被再三邀請一起去「Happy Friday」（公司樓下就是一間酒吧），心想：「今天不是週一嗎？」於是便禮貌地婉拒邀請，隔天，黨員們依舊熱情邀約，我再想：「難道時鐘一下被快轉三天，今天不是週二嗎？」依然回以微笑並搖頭婉拒。結果這樣一路自我懷疑：「今天到底星期幾？」終於到了週五，興奮地穿著一身皮衣、牛仔褲，引頸期盼黨員再來邀約，結果人家果真不邀了，下午五點不到，辦公室已空，全都去Happy了，當時年少不懂事，還傻傻地經過正在玩啤酒乒乓球（Beer Pong）的黨員們，禮貌地說：「See you next Monday.」

後來，我不是被傳有社交障礙或是樹枝孤鳥，而是「She may be an alcoholic.」（她或許是個酒鬼），大家覺得此人不碰酒是因為她「正在戒酒」，想一想，好像說得也對。下週開始，換我從週一就開始問大家：「Do you want to have Happy Friday today?」不能抵擋他們，就加入他們，也沒什麼大損失吧！後來證實損失可大了，每天一起喝酒，不僅傷肝，還變胖！

如果害怕像我一樣被貼錯標籤，不如一開始就正向結交狐群狗黨，大大方方地「結黨營私」，但記得要選擇對自己有利，起碼不會傷筋損骨的名目。比方說：

1. **午餐幫：**如果一週五天，每天中午都和同事一起吃飯使你壓力山大，不妨主動一週固定一次一起吃飯。午餐時間是口沫橫飛、八卦交流的高峰點，偶爾參與一下，以免變成邊緣人。
2. **團購幫：**LINE上面加一加，一起買東西，還能知道彼此的愛好，很容易就可以找到氣味相投的黨友。
3. **寵物幫：**這幫通常最死忠，台灣人越生越少，聊起寵物比聊小孩還要熱誠，甚至週末還會相約出來遛狗吸貓，願意踏出的疆界越來越大。
4. **相親幫：**這幫的ＲＯＩ最高，風險也高。介紹得好，一輩子友誼長存；介紹得不好，小倆口吵架、劈腿、婚外情，都算在你頭上。但，總算是個交情啦！

有沒有發現，以上的名目雖然都非常「無用」，但以工作之外的「交集」作為結交的起點，最無害，也最不複雜，往後即使不當同事了，仍然可以在某個領域保持友誼，進退有據。

我們正向結黨不是為了往上爬，而是像本文一開始所討論的「安全」需求，誰都容易背後中箭，面對職場裡的流言蜚語，群起攻之，只要有一個人能稍微保留，發出：「會嗎？我覺得他不是這樣的人」，就可以幫助你逃離被落井下石、三人成虎的冤境。

相同的，自己也要有與人為善、善言好語的勇氣，永遠存好心、做好事、說好話。曾經有人在我面前批評某同事：「我從來沒有聽他說過別人一句壞話」，暗示我這位同事沒有判斷是非的能力，但聽在我耳中，反倒對這位同事默默加分。

●躺平權贏得心法：關於職場小圈圈——找出交集，不談公事，有效社交。

●目標：為自己尋找職場後援隊，有緣分、有情分，遇事能商量，凡事好照應。

# 6 辦公室八卦學，不得不說也要避重就輕

你是不是曾經一不小心闖入某間會議室，發現同事正在交頭接耳、眼神閃爍，尷尬地不知該說什麼，退出時還忘記關上門呢？

或者，在茶水間被長舌鬼堵到，最常聽見的一句索命語就是：「我告訴你，你不要告訴別人，你若告訴別人，我就不告訴你」呢？

可惜這些職場鬼故事不是發生在異度空間，而是貨真價實地在你我的工作領域中發生，真正坐實了「比鬼更可怕的是真人」的說法。

我也曾經試圖混入信任圈，跟著別人八卦起舞，對於大家都討厭詆毀的人，不明就裡地說了兩句壞話：「上廁所不沖水」、「垃圾不分類」，說完後不僅後悔，還自我厭惡起來，都已經惡語壞舌了，還講這種沒殺傷力的話，真是白白造了口業。後來，自己也遭受流言蜚語攻擊，而辦公室內唯一沒有加入戰局的竟然是當初被我栽贓沒有環保意識的那位同事，這種心理壓力與負疚，

給予我莫大的自我懷疑與信心崩裂，從此之後，便立誓再不做這種盲從又落井下石之事。不是我想做好人，而是做個又笨又壞的人，對人生一點好處也沒有！

若要我舉出自己對於職場必備技能最自豪之處，那就是「萬年樹洞」。但水至清則無魚，職場就像黑社會，你不下手，人家還會懷疑你是臥底來著，我也不想被套上「不是自己人」的標籤，因此有時不得不同流合汙，遇到逼供、吐口水大會時，我也會避重就輕，繼續選擇「沒有環保意識」的責難路線，或者更好的方法是「自汙」，舉出關於自己更糟、更糗、更難堪的遭遇，用自爆的方式，轉移注意力，惹得大家哈哈大笑，一笑置之，難堪的場合也就圓過去了。

如何讓同事覺得你上道，不裝清高，但是又說不出你曾經八卦、中傷過誰，有幾個小撇步：

1. **拿自己當話柄：**最高明的轉移話題方法，就是拿自己當話柄，找幾件自己程度不相上下但也滿瞎的糗事，大方分享，讓大家覺得這是件是人，多少都會犯的過錯，只是程度的差別。

2. **挑邊角討論：**若真要評論，一定要挑邊邊角角，無關緊要的事，不做人身攻擊，也不做私德評論，更不要說：「我早就知道這個人……」這種算命仙加江湖郎中的鬼話，不但沒有氣度，還顯得自己十分蠢笨，被牽著鼻子走。

3. **裝傻金魚腦：**絕對拒絕透漏消息來源，寧願抓頭拔下大把頭髮說：「我真記不起來」，也不要說是某某某說的。一來，絕對不當結構型共犯；二來，某某某下次還是會繼續告訴你，所有你該知道的事。

江湖混太久，即使人不老，鳥事也多到讓你成熟世故，一夜長大。我一直十分清楚，從你嘴巴傳出去的話語，不管對方再三保證，甚至你講中文、他講英文，到最後一定、肯定、絕對會像迴力鏢一樣，再度回到你的身上，順道附帶被你牽連的冤魂野鬼一整串。因此，最好的方法就是閉嘴，成為流言終結機。

在職場中愛八卦的人，他真正想從事的職業大概如下：

1. **狙擊手：**他有標靶，你如長槍，八卦如同子彈，最好就此止步，趕緊逃離現場，否則白白被人利用，成為凶器，害人傷己。

2. **里長伯：**別人家出事事不大，別人家小孩死不完，茶餘飯後多說幾句，想拉近關係，或者創造自己是萬事通的人設，但沒想到八卦的傳播途徑往往有放大加乘效果，一、兩句原本無關緊要的碎語，傳到最後，鬧得別人家庭失和、丟失工作，都有可能。

3. **FBI：**真正天大命大的機密，他確實知道的頗多，告訴你，是想測試你，有沒有說漏嘴的嫌疑，奉勸你，不僅聽的時候，要裝資質駑鈍聽不懂，聽完也馬上忘記，一旦不小心說漏嘴，甚至講夢話，都攸關性命。

很多時候，你也是不小心的，才會成為八卦共犯結構之一，但一次、兩次可以，學乖一點，事不過三。不為什麼，一旦被戴上「這個人是個大嘴巴」的帽子，全公司裡都不會有人與你交心，很快就會成為資訊絕緣體；若想圖清靜，的確可以在進公司的第一個月先犯下這個錯，從此就可以安安靜靜地在角落終老一生。

同樣的，若是在職場上遇到交淺言深，剛見面，便把自己和隔壁同事祖宗八代的事都跟你交代一清二楚的人，第一要謝謝他這麼相信你，第二要自己小心，千萬不要讓他知道你不想被貼在佈告欄的事。

我們不想成為疑神疑鬼、不知感恩的人，也相信人間處處有真情，只是「閉嘴是最高的藝術」，《易經》上說：「吉人之辭寡，躁人之辭多」，凡事還是趨吉避凶的好，八卦碰多了，只會害人罹上躁鬱症，不可不慎。

- 躺平權贏得心法：關於不得不參與的八卦討論——拿自己當話柄，挑邊角討論，絕不透漏消息來源。
- 目標：塵事不沾身，也不被貼上自命清高的標籤，成為一個安安穩穩、躺平無事的不沾鍋。

7

# 結盟戰友，勝過單打獨鬥（上）——五力蜘蛛網，了解每位同事的特性

剛進公司的頭七天，你都在做什麼呢？

除了搞定入職流程、老闆習氣、茶水間位置、廁所高峰時間，以及辦公室周遭手搖飲、便利商店、可以偷閒的咖啡館外，你還幹了些什麼事？

不要誤會，以上都是新人入職頭七天內，一定要搞清楚的重要生活技能，沒有這些，你絕對沒辦法擁有像個人樣的辦公室生活，而且把這些都弄熟了，自然辦公室就是你家，心理上也會多一份舒適妥貼感，請一定要完成這些生活技能。

除了生活技能之外，需要一併著手的是生存技能。

我的建議是，就像玩三國殺桌遊或時下任何夠夯的ＲＰＧ遊戲一樣，對辦公室內每位同事進行人物側寫（profiling）。這是我看Netflix影集《破案神探》

（Mindhunter）時，學到的ＦＢＩ必備技能，雖然是應付變態殺人狂所需，但我認為在職場上也相當適用。

首先，將每位同事的中文名字、英文名字、正確職稱、匯報關係、職責範圍搞清楚，這些是基本的專業，讓你不要叫錯名字，有事情不要找錯人，更重要的是ＣＣ對方主管時，知所輕重。

再來，建立專業的五力蜘蛛網圖（如下頁圖），衡量每位同事在職場上對你的戰略位置，以一到五分評分。

1. **專業力：**在職責範圍內，專業的表現程度，以及過往的考績與戰功。
2. **戰鬥力：**在職涯規劃上，其野心與積極程度，是否具有明確的目標。
3. **人脈力：**在辦公室的人我關係中，其溝通與協調能力如何，是否能夠擒獲眾心。
4. **經驗力：**在這間或以往的公司裡，其年資和經歷如何，是否夠有料可挖。

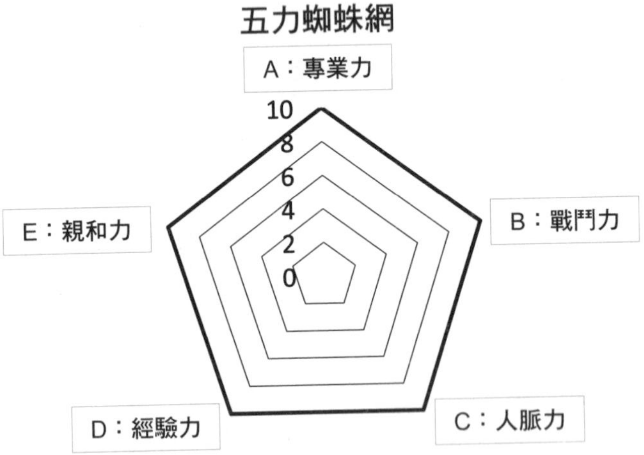


5. **親和力：**在日常處事、應對進退間，是否能觀其行、信其心，對人能多元包容。先不論是否掏心掏肺、樂於助人，至少不做害人之事。

當然，這些分析都需要時間積累，也需要透過各種大大小小場合進行觀察，但都是必要的投資，在職場上不能獨來獨往，也不能給人「目空一切，無所不能」的印象，久了，就會落入「啊，反正你很行」的困境，反而會導致束手無援。

下一篇文章，將與大家分享，根

據「五力蜘蛛網」的分析，哪些人物是非結交不可的。

- 躺平權贏得心法：關於職場識人——熟記基本資料，仔細觀察，分門別類。
- 目標：根據專業力、戰鬥力、人脈力、經驗力和親和力，將職場上必得結交的人脈定位，不做無謂社交。

# 8 結盟戰友，勝過單打獨鬥（下）——三大結盟戰友類型

依照五力象限的張弛程度不同，可以歸類出幾類同事定位，也能據此決定如何與他們共處，制定職場同盟戰略。

根據我的經驗，可以列為盟友的，大致可以分成三大類型：

1. **鴻鵠高飛型：**這類同事的專業力強、戰鬥力高，就像駕駛著Ｆ１８戰機的阿湯哥一樣，但相對來說，人脈力也不會弱。坦白說，很不幸地，辦公室就是個扶「強」鋤「弱」的競技場，後勢看漲的人才到處吃得開，順風順水的人自然說話有人聽，一呼百應，直達天聽；他／她的經驗不需要太豐富，因為能力和意志力能驅使一切。不過，這類同事的親和力通常不是太好，甚至有點傲氣凌人，不用期待對方擁有高度ＥＱ或同理

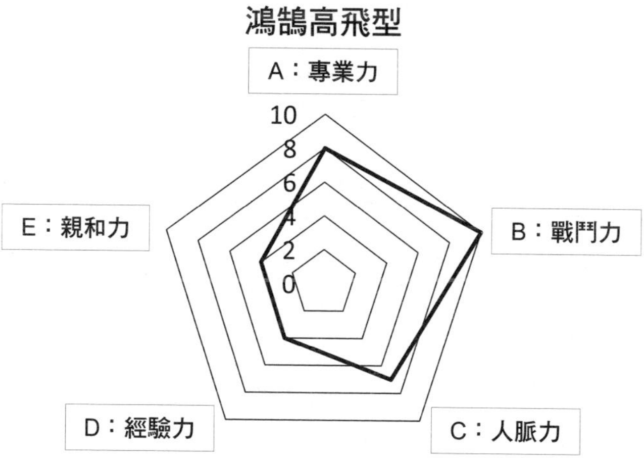


心。

這類同事宜明志共贏，忌眼紅生妒。

你不妨這麼想，如果對方是蝙蝠俠，你就是羅賓，再不然，也是阿福，面對他／她，坦白說出自己的志向，在職場上尋求雙贏，魚幫水、水幫魚，互相照看鼓勵，從金字塔的基層往上爬，你還是有許多空間可以與之成為盟友，隨時彼此惕勵，互相扶持。若是一天到晚，見不得人家高飛，看不到對方的長處，最後只會失去飛翔的雙翼，成為蹲在地上，啄著殘屑的燕雀。

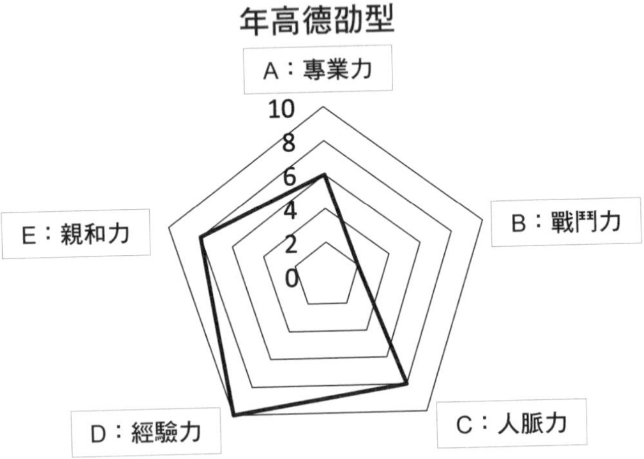


2. **年高德劭型**：這類同事的經驗力與人脈力都強，但專業力可能僅僅「堪用」，戰鬥力幾乎等於沒有，一心等著退休金或資遣費，就是不想領業務獎金。這類同事大概因為資歷久，通常是辦公室裡的潤滑劑，對於眉角、險坑一清二楚，經驗力十足，實為職場中的葵花寶典。而且此類人物的人格力應當不錯，因為辦公室不僅是戰鬥場，也是活生生的修羅場，因果業報立現，坑人者人恆坑之，能待到接近善終的人，必有修行持戒之德。

這類同事宜共患結交，忌勢利排擠。若以電影來舉例，他就是《刺激1995》裡，最照顧男主角安迪的瑞德，監獄裡沒有他不知道的事情，沒有他弄不到的東西，但是他想出獄嗎？不想。若要與之結交，務必要存同甘共苦，情義相挺之心，如電影中，在屋頂上一起完成鋪柏油的苦差事後，一桶象徵自由的冰啤酒換來一根好鐵鎚，幫助主角殺出一條生路。

3. **冷面逆耳型：**這類同事的專業力特高、經驗值爆表，但骨骼清奇，患有好話好說障礙，總在最不恰當的時候澆大家冷水，最歡慶的時刻躲在角落抽菸，只要老闆多稱讚你幾句，他必得走過去念幾首打油詩：「眼看他起高樓，眼看他宴賓客，眼看他樓塌了。」或是冷冷地說：「年輕人，靠山山倒，靠人人老。」反正話怎樣難聽，他怎樣說。

這類同事必得結交。怎麼說呢，難道辦公室內，我們還得忍受情緒勒索、羞辱創傷嗎？這裡再重申一次，職場是競技場、修羅場，同時也是演化場。這樣一個惹人厭的傢伙，還沒有被蓋布袋或被扁鑽捅，一定是

冷面逆耳型

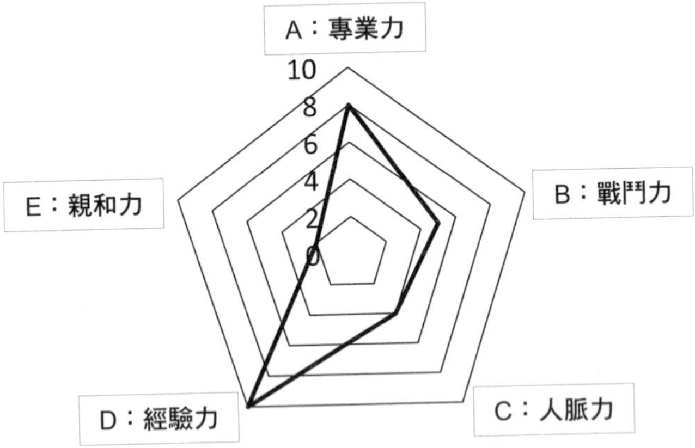


專業上有令眾人折服，公司不得不依賴之處。而且，他只做自己，只說想說的話，人格上肯定無害，這叫「自我感覺良好症」，自我感覺良好的人是不會去害人的。

面對這類同事，宜虛心請益，忌門前弄斧。當他是軍師，時常上門求教，但要有心理準備，第一時間久，第二幹話多，不被吐槽到滿身酸臭，學不到什麼東西，一旦贏得一句「孺子可教也」，你在專業技能上必定功力大增。當年，楊過向歐陽鋒學習蛤蟆功，雖是以退為進，結果不也助他登上武林之巔嗎?!

以上三種人物，是依照「五力蜘蛛網」歸納出來，必得結交的盟友。好的盟友對你的image人設大大加分，彷如私人護衛隊一樣，職場如戰場，隨時有人掩護你，幫你幹掉敵人，擋流彈。合縱連橫結交盟友，乃衝鋒陷陣活命之計。

● 躺平權贏得心法：關於職場結交盟友必備三型——鴻鵠高飛型、年高德劭型、冷面逆耳型。

● 目標：建立合縱連橫護衛網，在職場衝鋒陷陣時，得時時請益相助。

# 9 被坑被霸凌？劃出界線別來惹我

老實說，職場霸凌、情緒勒索是我進入職場後，非常晚近才出現的名詞。在我成長的過程中，「合理的要求是訓練，不合理的要求是磨練」、「能力越大，責任越大」等種種金句（通常是電影台詞），早已深植我心，只要不用三字經問候我媽，好像主管們講什麼都應該忍耐內化，自行參悟，是不是有什麼全世界都懂了，只有我不懂的人生道理。

也因為這樣的心理素質，讓我回想自己是否有過被霸凌的經驗，也實在想不起來。勉強來說，被冷言冷語或冷凍是有的，當時心裡也的確很難受，只是當下不知道該如何化解，就這樣，一切都默默地往心裡去，一點行動也沒有採取。

在上海金色拱門工作時，就曾遇見玻璃心老闆，綽號「曹七巧」，因為我常在自己的微信朋友圈裡白目地發些家庭文、放閃文，於是默默地被她打入冷宮，常常跳過我和團隊溝通，或發送我不在收件者名單內的會議邀請，搞得我時常自己孤坐位子上，而全部門都在會議室裡，頗有天人永隔之感。

在法商「就是要你美」公司時，也曾遇見業務經理和總經理在辦公室裡竊竊私語，但只要我走進去，兩人就瞬間閉嘴，彼此交換白眼和「你懂就好」的眼神，空氣中一陣靜默，我隱約明白自己剛剛打斷了什麼批鬥大會，而主角很有可能就是我。

最經典的是某印度商公司，老闆要我一次出差兩週，先去印度，再去馬來西亞，但機票時段、價格都要經過他批核，因為一定要「早去晚歸」。明明是擔任高階主管的職位，卻因為人事成本精簡，沒有助理，只得自己上廉航網站一家一家查詢，查完之後再匯集資料電郵獻給老闆，卻被回覆了好大一張機票行程，以及一句：「你沒有查到這一家！怎麼回事，我不是你的旅行社！」

這些是我記憶所及的一些事件，相信大家日常職場中，可能遇到更不合理的要求或對待。不說別人，有時候，自己在不知不覺中也可能成為兇手，因為現代生活步調快速，托社群媒體所賜，人與人之間的交流可以說非常近，卻又那麼遠，不經意間未將自己的本意傳達清楚，導致誤會，也是常有的事。

換個角度來說，當我們感覺這個人對我有敵意、不禮貌、講話帶刺、紆尊降貴，很可能這不是他的本意，只是透過文字、電郵、各式通訊軟體跟EMOJI，無法清楚表達，而讓你感到不舒服而已。

也有很多時候，你感受到的不舒服是真的，對方正在利用他的權勢、地位、資源，經意或不經意地坑殺或逼迫你，強迫你做你不想做，或是覺得不對、不應該這樣做的事。

「反正你都要管桃園了，再跑個新竹、苗栗、台中，也沒差吧？」

「如果是我的話，一個早上不拜訪五十個客戶，不會說自己是個好業務。」

「給你一百萬，可以做到五百萬的業績，那多給你一百萬，一千萬業績怎麼可能有問題。」

「我的LINE裡面寫得清清楚楚，瞎子都看到了，你照著做有問題嗎？」

簡單來說，這就是「凹」，然後「逼」，做不到再「怨」或「dis」，讓你覺得自己百般無用，比鹹魚還不如。

在這邊，與大家分享聖嚴法師的一句話：「感謝給我們機會，順境、逆境，皆是恩人。」

遇到情緒霸凌，沒有人開心得起來，陷入低潮，自我懷疑、焦慮都是正常的事，這時候就接受自己的不開心，因為你有不開心的權利。

但你也有為情緒霸凌劃下界線的責任。

台灣人習慣忍氣吞聲，不願意正面衝突，也不願意分享自己真正的想法。我也屬於這種體質，能忍就忍，能做就做，不需要多說。這樣不僅對工作本身沒有幫助，對心理健康也有很大的損害，進而消耗你對生活的熱情。

當你覺得「這樣不對」、「你不該這樣對我說話」、「如果是我，不會這樣對你」的時候，不要懷疑，你是對的，你不是玻璃心、草莓世代、公主病，你是真的感覺不舒服。

此時，你應該採取三個步驟自保：

1. **正面反饋：**用最禮貌的說法，提出質疑、反對、請求，讓對方知道你不舒服。但如果要繼續合作，請改變溝通的方式。如果你沒有這麼做，某種程度，對方是無辜的，因為不知者無罪。要記得，除了面對面口頭溝通，也要留下電郵或通訊軟體的紀錄。

2. **向外反應：**這是你的第二次機會。如果對方仍未改善，請將你手上的紀錄交呈主管、人資，甚至是對方的部門主管。英文常說escalate，中文可以理解為「告狀」。這不是負面詞語，而是將事況曝光於第三方眼中，讓你的情況得到被注意、理解的機會。簡單來說，是給相關人士最後通牒，你的工作專業正遭受他人不專業的情緒霸凌影響。

3. **主動反擊：**不是要你轉而攻訐對方，這樣只會讓我們的氣場和人格與對方一樣污穢，而是當前面兩個步驟都做到了，依然遭遇同樣的對待，那就可以認真思考下一步。不管是申請轉調、提出辭呈，都是你的選擇，主動反擊，為自己規劃下一步，過上正常人生。

這個世界總是鼓勵人們要意志堅強、咬牙強忍，只要撐過去，哪裡不是海闊天空；但我說，人生很短，忍過去，差不多就是要裝假牙的時候了（對，時間就是那麼快）。況且，當人人都能以理所當然的態度來對待你，你要怎麼躺平做自己，工作上又能有什麼好表現呢？時時樹立「我是專業出來賣，但不是天生好欺負」的形象，讓他人不敢越雷池一步，有話好說、好合作，想來陰的，惹到你一根毛都不行！

- 躺平權贏得心法：關於職場霸凌——直面反饋，向外反應，主動反擊。
- 目標：人不犯我我不犯人，對於職場霸凌展現專業氣度，避免成為慣性霸凌的對象，或不正常組織文化的結構性共犯。

# 10 別落井下石，伸手一把，勝造七級浮屠

「那個人這樣做事，遲早會出包！」

「平時這樣口無遮攔，早晚惹到刺龍刺虎，神佛都救不了！」

「我是不是早就說過！唉，實在不想再說一次。」

「升得那麼快，一定有問題，果然只顧往上爬，忘了避地雷！」

……

每次人事命令一頒發，都會聽到這些話。

在職場二十幾載，我待過大大小小的外商、台商、港商、印度商、官股公司，擔任過各種職位，見盡各種人事變遷，排擠傾軋。見過「十年寒窗無人問，一朝功名天下知」的鹹魚變鳳凰劇情；也見過「眼看他起朱樓，眼看他宴賓客，眼看他樓塌了」這種令人不勝唏噓的情節。榮枯本是一瞬風雲，誰都有順逆之境，看久了，也就習慣了。

雖然習慣，有一天倘若逆境降臨在自己身上，這些言語再傳入耳朵，身歷其境，你會有多難受呢？

曾經，我被台灣嬌生公司資遣時，躲在家中，自我封閉了好一陣子，當時早上剛進辦公室，馬上就收到資遣信，立即轉身進入電梯，走人，由於匆匆離開，也顧不及還有甚多什物尚未收拾。當時的我既羞憤又不平，一個衝動便把臉書和LINE中所有同事、主管、下屬的聯絡都刪除了，讓誰都找不到我，留在公司裡的私人物品也無法送回給我。

當時一個認識不久，但相處起來很平易近人的同事，找到了我先生，透過我先生，表達想跟我約喝咖啡的意願。其時，已經窩在家中蓬頭垢面、自閉將近一個月的我掙扎許久，雖然很不想面對，但想到未取回的那些物品裡有我心愛的手札、咖啡杯，披肩（都是辦公室寶物），再加上我對這位同事的印象不錯，於是勉強答應赴約。

記得我們約在天母東路的星巴克，她特意約了一個距離我很近的地方，知道我不想跑遠。一進去咖啡廳，我就看到她溫暖的笑容，隨後遞上一只包裝精美的紙袋給我，裡面是一整組的ＯＰＩ指甲油、護理組及指甲油快乾噴霧，顏色是我最鍾愛的藕紫色到磚紅色系列。

「聖誕快樂！」

沒有尷尬的場面，沒有「你還好嗎？」這種無法回答的問候，也不是用紙箱裝著雜物遞給我。

這時，我才想起來，還在這間公司任職時，曾經擦了指甲油去上班，打字時，她走過來笑著說：「像你這樣指甲很大的人，擦起來真好看！」這句話聽起來不太像恭維，在某些職場的氛圍中，聽起來甚至有點挖苦的意味，但當時的我不以為意，也不禁笑了起來，看著自己的指甲，感嘆「還真大」！

可能因為她的話很真性情吧，只要是真情善意，都能暖暖入心。

在那之後，雖然我們工作上仍無交集，但每次換甲色，我就會走過去show給她看：「新的大指甲！」，算是辦公室裡少有的默契招呼。

那次的咖啡之約，我們沒有談太多辦公室裡的事，就如之後的十幾年，就算我去上海，她去挪威，還是每年會想辦法見上一面，見面時純聊非工作以外的各式雜事，越小、越雜、越無用，聊得越開心，而且只要聊到不工作時可以幹嘛，簡直火力全開，鋼琴、日文、日劇、動漫、旅行、速寫、烹飪、養寵物、網購……，很難想像這是在工作場域裡結識的兩個人。

收到指甲油禮物的當時，我感受到一股從頭流瀉到腳，再徐徐地往心裡去的暖意。她提醒了我，一切都已經過去，我可以從頭開始，別錯過一年中最美好的節日。回家後，我立即打開其中一瓶，為自己的十根大指甲塗上喜氣的磚紅色。

順風順水時，簇擁在身邊的都是過客；唯有失意落魄時，還對你釋出善意與關懷的人，會贏得你一生的信任與感激，誰也說不定未來會在哪處再次相逢，過去的善意自然會結成善果。

在職場上，除了不要輕易惡言相向之外，對於失意、落魄、備感挫折與壓力的同事，多以「同理心」溝通與安慰。若是不擅言詞，簡單的一句：「我也覺得很辛苦，一起加油！」，你可能無法想像，會對正在谷底的人，產生多大的鼓舞作用。職場雖然是工作的場域，但專業並不排除人性，真正成熟的職人，理性思考與感性關懷一樣重要。

當然，事不關己時，看戲雖投入，也不知如何出手相助較為妥切，只求不要多嘴吧，因為誰也不知道哪一天，同樣際遇是否會發生在自己身上。多存一份善心，給予真誠的關心與幫助，幫的不僅是別人，到頭來，生命也會以某種不可思議的方式，回報予我們自身溫暖和善意。

我生命中的許多貴人，都曾在逆境時出手相助，就算是簡單的關懷問候，也能對落魄失意的我產生意想不到的影響，我也自然而然地用最大的誠意與努力回報。到最後，雖然不做同事或上司，卻能當一輩子的好友。

在職場上，千萬不要大嘴巴，不管是多密封的八卦，到最後總會以某種形式傳出，不該說的就是不該說。而對於「什麼都告訴你」的同仁，也要敬而遠之，因為某天你告訴他的事，他也會什麼都說出去。做一個謹慎、緘默，但大方付出關心的人，才能避開各種人事紛爭，不沾塵埃，全身而退。

● 躺平權贏得心法：關於眼前順逆——不惡言相向，不落井下石，主動展現關心。

● 目標：成為正直且真誠的人，日積月累，在職場能得到各方給予你，無價的信任與肯定。

# PART 4

## E-*Exposure*

## 適時曝光求關注

P-Performance
I-Image
E-Exposure

讀了本章之後……

你能抓住最佳時機，自帶完美濾鏡，於關鍵時分，在眾人面前展現最佳台風，不須時時刻刻刷存在感，只要在重要場合一鳴驚人！

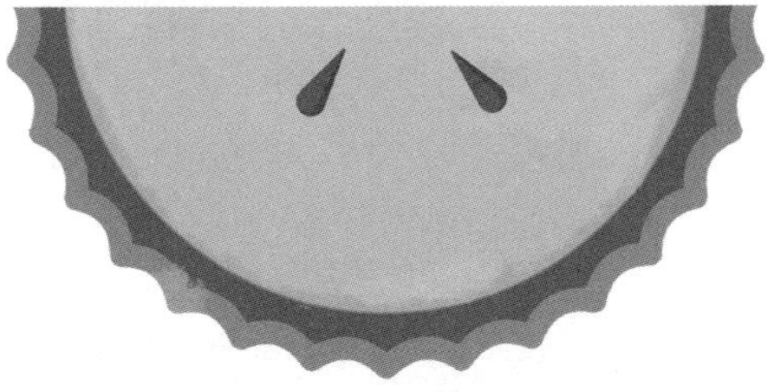

# 1 會議中別當啞巴，三招變成關注中心

從菜鳥到主管，迢迢二十幾載的職場長路上，我參加過無數場大大小小的會議，絕大多數是根本不需要召開的，純屬浪費人生，僅有極少數會議讓我印象深刻，迄今仍然回味／狂笑不已。

如同常態分配，我們先把超級走樣的樣本剔除，否則偏差太大，會讓普羅大眾覺得坐辦公室的白領階級都在用開會集薪資點數……，雖然很多時候的確是啊！

這些超級走樣的樣本也真的非常好笑，不輸Netflix上的任何一齣好劇，讓人忍不住一一羅列下來，搏君一燦：

1. **《睡魔》**：在年度預算會議當中，來自法國的業務大頭，平日擅長以湛藍的眼珠與濃厚的法國口音魅惑人心，說啥都不答應，在該會議中，竟

然對於高高疊起的業務目標一聲不吭，還頻頻點頭，由於他坐在會議室長桌的最前面，我在後方報告時，用雷射筆指著數字，連問三次「Any question?」，他還是點頭，令我不禁想用雷射筆直接射進他瞳孔，看看是不是放大了？走過去仔細端倪，原來……人家正在打瞌睡，實在太尷尬了，我只好用背影遮住會議室其他人，一邊好心地拍拍他的肩，他才驚醒。

或許是因為太尷尬了，那年我的品牌業績，他全部畫押同意，自此之後，我便非常積極地想要逮到他睡眠失調的時機，可惜睡魔只出現過一次！

2. **《藍色月光下的薄荷錠》：**這是我自己的經驗，某次香港老闆在跟我談加薪時，當我不懷任何期待地打開薪資單，卻看到了加薪五〇%！這時，我嘴巴內含著的Airwave清涼薄荷錠竟然噴出來，並且在空中呈拋物線落下，完美降落在我們倆之間的桌面上，一切有如慢動作鏡頭般地絲絲入扣，值得回味。你可能會問我，是不是把薄荷錠撿起來放回嘴巴？當然沒有！我若無其事地轉身，從包包中取出一張面紙，將薄荷錠包起來、收好，一邊和老闆親切地道謝。老闆人真的非常好，他也假裝沒這回事，在我們倆之中就只有那張出人意表的薪資單，沒出現過任何口腔殘餘物品。

後來仔細思量，我才明白，縱使當年我的表現還不錯，也不至於加薪到五〇%的地步，應該是香港老闆第一次帶領台灣員工，發現你們的工資怎麼這麼低！不知道是該慶幸，還是該低泣。

3. **《Lingerie……內褲！》**：某次，義大利籍的總經理對於停滯不前的業績現況感到不滿，質問土生土長的業務經理，還有沒有突破瓶頸的機會？業務經理搔著腦袋，回覆該開發的通路都開發了、該塞貨的經銷商，也都塞到人家家裡變倉庫了，還能有什麼好機會？此時，義大利人異想天開，問說菜市場中常常有一些私人美妝品店，有沒有機會發展？義大利人指的是我們去買菜時，偶爾會看見的華歌爾商品行之類，裡頭賣著阿嬤級精品的小店，他不停地說：「就是會賣Lingerie的地方。」

業務經理當然聽不懂，露出大惑不解的空白神情，義大利人重複了三次Lingerie、Lingerie、Lingerie之後，就放棄了，轉而很大聲地在眾人面前大喊：「內褲！」

這真是我在外商職涯、專業經理人之路上，大開眼界的一幕，而且義大利人的中文雖然流利，但微微不準，發成了「類褲」，還略帶客家口音，只能說他相當適應台灣這樣多元共融的環境啊。

人生中的會議越多，越多精采好笑的時光值得回味，這樣一想，每次開會就充滿了期待，不知道今天又有什麼樣的好戲可以看。

抱持這種開會如戲，戲如開會的心態，職場小白們也能放輕鬆，通通經絡，充分利用會議時光，幫自己爭取曝光度與加分，以下和各位分享幾招技巧：

1. **爭取書寫會議紀錄：**這是最厲害的一招，會議紀錄寫得好，不但能讓空談變成行動，也能讓大家見識到你思維縝密、行動導向的一面。書寫會議記錄時，請將結論先寫出，最後一定要寫明What（行動）、Who（負責人）、When（死線）。掌筆的人不一定是衰人，這時還能巧妙地將你希望別人做的事寫進去，有點像寫劇本的導演，筆下的人物不得不照你的安排去做，是不是頓時覺得權力大增呢?!

2. **主動引導結論與行動：**當然，會議紀錄不能亂寫，也不能沒內容寫，所以在討論時，你可以適時地舉手提問或引導結論，當大家吵成一團、沒有重點時，你也可以當那個仲裁者或里長伯，請阿公、阿嬤們文明討論，一個一個來。

相信我，就算你是會議中最小咖的菜鳥，只要你的頭腦清明，能適時提出建議和行動方針，瞬間就會成為眾人傾聽的對象。當會議陷入白熱化的討論與進退兩難的膠著時，若天上能降下來一個：「我有個建議」的王者之聲，便能瞬將與會者腦霧驅散，把絕望變希望，你也會留下「會議終結者」的好印象。

3. **微型管理**（micro-manage）**掌控全局——早到、專注、點頭：**永遠比表定會議時間早到五分鐘，看好最適合的位子，將自己的筆電、水杯、筆記本擺放齊整。對每個進來的人打招呼，讓大家注意到你的存在。以專注的目光直視發言者，並微微點頭。俗諺說，「魔鬼存在細節中」，也正是這些細節讓你可以在潛移默化之下，悄悄地埋下與會者對你的好印象與正面存在感。不要以為這些都是無謂的枝微末節，要知道當所有人都認定你是一個有條不紊、專注傾聽、進退知據的同事，你已經在無形中贏得壓倒性的信任，在其他的場合，你會發現同事和長官開始記得你，也對你多有善意。

其實，開會不僅僅只是演戲，當你養成以上三種好習慣，工作上自然也會成為一個思想縝密、結果與行動導向、自律也律人的專業人士。所以我一直認為，最好的在職訓練（on-the-job training）其實正是大家最討厭的開會！試試看，從今天開始，將自己最厭惡和痛苦的事情轉化成進階高層的技能吧！

● 躺平權贏得心法：關於會議表現——爭取書寫會議紀錄，主動引導結論行動，微型管理掌控全局。

● 目標：從每一次會議展現自己思考縝密、效率與結果導向的一面，並引導團隊下一步行動。

## 2 善用ARCI決策模型增進效率

新人要在茫茫大海中嶄露頭角，最快的方法就是主動爭取關注度高的專案，不管再棘手、再微小，只要影響層面廣、曝光度高，就是最好的機會。

常見到剛進公司的同仁，被丟了一些沒人願意碰的燙手山芋，露出苦笑或委屈的表情，我往往心生同情，也為他可惜。可惜的不是「被」浪費大好的青春，或是「被」塞了狗屎在書包裡，可惜的是他不能化被動為主動，利用這個機會，一舉吸引所有人的目光，最後直搗黃龍，獲得上層，甚至上上層主管的青睞。

舉例來說，年終尾牙、流程優化、辦公室環境改善……這些工作聽起來與業績無關，還必須牽扯多個部門，沒完沒了的project，一般人聽到就先搖頭，或是裝作文件掉了，撿了又撿，始終沒撿起來過。但正因為和業績無關（做不好，公司也不會fire你），又能和多個部門交涉，這才是新人最好的機會，能善用ＡＲＣＩ法則，展現自己的創意、想法與溝通能力。

ＡＲＣＩ法則最主要的精神是每個專案的當責者（Ａ）只有一位，當責即全責，既然Ａ負起成敗全責，自然擁有最高程度的決策與運作能力，也因為清楚規範當責者的責任與權利，能使得專案的成功度更高。所謂人性，就是「別人家的小孩餓不死」、「別人家的錢花不完」，但若是把專案當作自己的小孩來養、自己家的錢來管，Ａ肯定會使盡洪荒之力，在現實可能的條件之下，推動專案成功，甚至還會找盡方法，化不可能為可能。

ＡＲＣＩ法則[2]簡單來說：

Ａ——**當責者**（Accountable）：負起最終責任者，擁有否決權。每個專案／活動內只會有一位「Ａ」，這個人必須擔負全部的責任。

Ｒ——**負責者**（Responsible）：實際完成任務者，也是執行者，負責行動

2 請參見《當責式管理》，M. David Dealy、Andrew R. Thomas著，張文隆譯，中國生產力中心出版社，二〇〇八年四月十五日。

與執行。可有多人分工，其權責範圍由「A」決定，遵循「A」的指示，完成任務。

C——**事先諮詢者**（Consulted）**：**在「最終決定」或「行動」前必須諮詢者，可能是上司或外人。為雙向溝通的模式，須提供「A」充分資訊，簡單來說，就是顧問。

I——**事後被告知者**（Informed）**：**在決策之後或行動完成後，必須告知者。是有關人員，為單向溝通之模式，是執行的一部分。

舉個例子，某新人進入公司的第一天，在部門會議中，才剛自我介紹結束，便在本月庶務討論時，突然被交辦了一項「辦公室少紙化」的專案，然後全體同仁起立鼓掌，一致通過，留下搞不清楚狀況的他，茫然地環顧四周。

或許是因為大家覺得他年輕力盛、朝氣蓬勃，應該能為地球貢獻更多心力；也或許他的小主管最近業績爆爛，自己屁股都擦不完，只好把這坨屎丟在他頭上。但木已成舟，專案就擺在眼前，他可以負面地、被動地將自己想成一座屎缸，也可以正面地、主動地做個環保小尖兵。想法決定行動，行動決定結果，他決定接下這個任務，站起來大大方方地說：「感謝公司交辦我這個重要任務，少紙化與拯救樹林的確是環保趨勢，對公司的ESG指標[3]大有助益，我很榮幸。」同時露出個燦爛如牙膏廣告般的笑容，當場擊倒一屋子老鳥，讓主管刮目相看。

光是接辦任務的態度，就可以創造不一樣的曝光質量，更何況在專案進行當中，作為A（當責者）可以運用自己策略性的思考，擬定RCI（負責者、事先諮詢者與事後被告知者）範疇。而專案進行過程中，在與R溝通時，能實際理解公司各個負責部門執行層面的風格與細節；向C諮詢時，能得到專業與寶貴的意見；而在佈達專案執行事項予I時，更能放大曝光度到企業光譜的多端。

接下「辦公室少紙化」專案的新同事首先理解公司同仁對印紙的需求，發

3 「E」是environment，環境保護；「S」是social，社會責任；「G」是governance，公司治理。

現最多來自傳真訂單、手填表單、ＰＯ單簽核，如果能將訂單與簽核流程Ｅ化，印紙需求自然會減少大半。

知道原因之後，他先訂定「第一個月減少十五％，第二個月減少三○％，第三個月減少六○％」的目標，積極地向ＩＴ部門建議Ｅ化系統建置；和總務部門（Ｒ）溝通辦公室用紙的合理度，減少每月的訂購量，用二手紙回收重複利用；向財務部門（Ｃ）諮詢Ｅ化系統建置的預估費用及如何攤提，及有關辦公室用紙占全年文具或總務預算的比例，並試算每月減少五○％用紙，對精簡全年預算的貢獻度；也諮詢企業宣傳或公關部門，辦公室少紙化在全球知名企業如何執行，效果如何，以及對ＥＳＧ的影響。

最後，在全部門主管會議上，提出專案規劃、財務評估與時程，得到總經理的支持，讓他當眾佈達給全公司同仁（Ｉ）。

就這樣，從頭到尾，他不僅沒有露出吃癟的可憐表情，慘兮兮地拖著後腿，勉強爬到終點；反而轉劣勢為優勢，化被動為主動，將這項任務變成進公司的第一支全壘打，揮棒擊出，全場歡呼。

至於原本被交辦的「減少五〇%」目標，在他的規劃中，為什麼變成「第三個月減少六〇%呢？」受到大谷翔平及其高中棒球教練佐佐木洋（花卷東高校棒球隊監督）的故事激勵所致——佐佐木洋對大谷翔平訂出：「投出球速一百六十公里」的目標，因為他確信球速一百六十公里，經過身高、體重、柔軟度等思慮計算後是可以達成的。他告訴大谷，「如果你只想成為現在最強的好手，這樣是不夠的，要思考的是如何超越對方。」而大谷翔平剛開始時雖然認為根本不可能實現，不管在高中棒球或成棒球隊，這都是一項史無前例的紀錄，但在下定決心，以此為目標之後，大谷在另一張紙寫下「一百六十三公里」。

永遠再多挑戰自己一點點，這樣最後衝刺時，就不會放任一分一毫的氣力，才能真正達標。

看了這個新人的例子，你是不是感覺備受激勵呢？不過，這個新人並不是我，當我還是菜鳥時，ESG的概念還未出世呢。這個新人是我職涯二十年中，印象最深的行銷部新進同仁，當時我已是行銷部門主管，他才剛從實習生轉為正職，因為這個專案，我對他印象深刻，部門考核時，破例給予未滿一年的新人最佳考績，而在我離開這家公司不久後，他也以很快的速度被擢升為品牌副理。我相信，以這樣的正面態度與邏輯思維，在Linkedin上，很快就能看到他成為某位公司最年輕的總經理，屆時，我會親自恭喜他，並謝謝他「做環保，愛地球」！

- 躺平權贏得心法：關於決策效率——熟習ARCI角色，當責即全責，確保團隊清楚分工、目標一致。
- 目標：增進決策效率，展現專案領導力，以對事不對人的思維推進專案並提升達成率。

# 3 向上單層管理不夠，主管的主管才是你要真正收編的對象

每當聽見有人批評辦公室同事「很會向上管理」、「做事專給老闆看」時，我常覺得這不是詆毀，而是一種讚美，這樣的技能和「抱大腿、拍馬屁」不可等同而語，應當算是職場裡力爭上游的專業技能之一。只是，若要更求表現，將PIE做得更大，我會說光是向上單層管理是不夠，主管的主管你也得好好地收編降伏。

你可能會覺得這麼做犯了華人大忌——越俎代庖，逾越分際。怎麼可能跳過主管，去跟老大交陪？一旦被發現，一定會被主管質疑不懷好意，吃碗裡看碗外，是不是想搶他的飯碗，搞不好隔天就被開火走人了。

這招其實是岳飛當年為了鼓舞群兵士氣，攻打金人，來自《宋史岳飛傳》的一段話：「直抵黃龍府，與諸君痛飲爾！」所謂：「直搗黃龍」，在戰場上

撂此狠話，中氣十足，多麼豪氣干雲，但在職場上要使出這路數之前，絕對要先做好以下三步：

1. **幫主管搞定上司：**搞定主管的老闆，是讓你齊心協力幫他降伏大魔王，絕對不是找茬栽鍋。能勝任此事，表示你對自己及主管的KPI都非常了解，你的KPI也能助長他的KPI，平常加班絕不是瞎忙，否則這事是成不了的！主管貴人多忙事，若能有人為他分憂解勞，開心都來不及，久了之後，自然會對你更加授權與信任，你做起事來也更加得心應手。

2. **將功勞歸給主管：**一旦做了什麼好事，得主上聖寵褒獎兩句時，千萬要將功勞歸給主管，表示是師傅調教有方，弟子只是虛心學習，切忌搶主管鋒頭，搶了也沒用，只是徒增風險罷了。真正的重點是你做的事情，明眼人一看便知，大家放在心中，自然對你的表現有適當的評價，老話一句，還是謙沖再謙沖，時候到了，位子自然會出來，時候還沒到，硬頂上去，只是白白沖八字而已，職場越級升官，普通人命格是頂不住的。

3. **凡事主管先知道：**不管好事、壞事，在上頭知道之前，一定要先報備主管，千萬不要讓他被老闆叫進去卻一問三不知。假使是好事，當然幫主管好好吹捧一下，讓他的管理能力受到褒揚；倘若是壞事，也要在報備的時候，一併提出行動方案，這樣除了讓你的solution skill表現傑出之外，主管對你的信任度也會大加提升。平日保持警醒，對可能會影響主管評價的事，保持積極主動性，先講先贏，最起碼不會先挨罵啊！

最後，別忘了將自己上達天聽的步數傳授給你的部屬或是後輩，務必達到上下同心，一條龍的境界，原因無他，只有培養繼任者才是勝任者，做事情要心胸寬大，凡事不藏私，更多人知道如何將事情做好、讓工作順利的訣竅，團隊的氣勢會才更順。

沒說出來的大實話是，若你的下屬能幫你把主管搞定，日子是不是好過又順心？職場做功德就是這麼一回事，凡事都要想著雙贏、全贏，上下左右全盤皆贏，自然而然，便能將ＰＩＥ做大，大家一塊吃。

● 躺平權贏得心法：關於向上管理——幫主管搞定上司，將功勞歸給主管，凡事主管先知道。

● 目標：最有效的向上管理是幫主管上達天聽、分憂解勞，同時不構成威脅，自然能成為心腹寵臣。

# 4 主動爭取公司大會、福委會、部門聚會的善缺

原以為，只要是華人在的場合，以酒示忠誠才是職場必備技能。但自職涯開展以來，我在不同的外商公司的慶功場合、送往迎來、年度酒會……，看過各式各樣令人發噱的失控場面。

譬如公司舉辦啤酒大賽，一開始，總經理就被生啤的泡沫嗆到要往生的窘狀，是不是德國總監要整義大利總經理，身為小孩子的我不懂。

也有一陣酒酣耳熱，台上的大佬們互相新娘抱，兩米長的義大利總經理明明就需要頭尾扶持，來個擔架也不過分，偏偏腰力不好的銷售大頭硬要從中攔腰抱，結果總經理龍頭墜地，匡噹一聲，恐怕比喪鐘還嚇人，轉身一看，人資與公關總監互相顫抖地攙扶，心想自己要怎麼樣才能安全脫身回家。

我個人非常抗拒需要灌酒示忠誠的場合，與灌酒相較，我寧可上台舞動不協調的身軀，反正只要我不尷尬，尷尬的就是別人。也因為這樣的駝鳥心態，

通常我不會拒絕上台表演，甚至會主動爭取擔任各種公司大會、部門聚會的主辦人或主持人，或藏身幕後，或在台上奔波，都能保持滴酒不沾。

但在中國工作時，有次不慎接下「綜合主持人」的勞缺，當時的情景是這樣的，我的英國女老闆走過來，喜形於色地說有一個好棒的機會，希望我們能有人為部門爭光，當時我還以為是什麼全球計畫或外派進修的美缺，結果一回神，左右環伺，只剩下我一個人，剛剛一群圍著啃沙拉的外國同事們一哄而散，連義大利酸醋醬和胡椒菜都不留給我。

「Well, Elsa, you're always that one who dares to challenge for more!」（啊，Elsa，你總是那個勇於挑戰更多的人！）英國女老闆用粗壯的臂力深深地讚賞我，大力地拍著我的肩膀，使得我不小心咳出一部分還沒嚼爛的甘藍菜。

這根本是我們從小聽到大，老鼠幫貓掛鈴鐺的故事，而我就是那個耳聾的老鼠！

後來，經過一個多月的寫稿、對詞、演練、選定禮服，我終於在年度大會上當上了「綜合主持人」之一。如果你不理解什麼是綜合主持人的話，可以類比一下「綜合生魚片」，就是鮪魚、鰤魚、鮭魚、干貝、生蝦各有兩片，一組一pair一duet，一搭一唱，兼具串場、司儀、吉祥物與場面話的各種功能，所以一場晚會總共有五對，十個主持人！台詞裡有五言絕句、七言律詩，這還不打緊，問題是和我配對的另一片鮪魚，在上台前就已經喝茫了，我只好一邊攙扶著他的右鰭，一邊幫他講完他和我的台詞，總算圓滿解決。當日，台下有近一百桌、一千多名的員工、客戶、經銷商，沒人發現「綜合生魚片」有貓膩，而主管們也都順心暢飲，順利結束了這「人間失格」的莫名其妙晚會。

或許，酒精能麻痺所有人的一切理性吧？這是上天的恩賜或考驗，因人而異。

拜這次年度大拜拜的稱職之賜，讓我成為部門聚會唯一指定主持人。縱然心中百般不甘願，耳邊自動響起〈小丑〉的旋律與歌詞：

「掌聲在歡呼之中響起
眼淚已湧在笑容裡

啟幕時歡樂送到你眼前
落幕時孤獨留給自己
是多少磨鍊　和多少眼淚
才能夠站在這裡
失敗的痛苦　成功的鼓勵
有誰知道　這是多少歲月的累積

小丑
小丑
是他的辛酸　化作喜悅
呈獻給你」

心中深深覺得老娘受夠了，不要再軟土深掘，下次的部門聚會，我絕對會設下天羅地網，完全斷絕成為搞笑藝人的後路。第一招，吩咐ＨＲ買三箱品質最糟的紅酒，最好是「長江」或「黃河」牌的；第二招，招喚魔獸群，平時各部門的好同事，起碼發展五個Drinking Game（行酒令）；第三招，一邊歌古頌今，各式褒揚，一邊讓各個同事上台領獎，伺機敬酒。

第一招是為了讓大家宿醉頭痛到要死，再也不敢喝酒；第二招是要讓大家玩到失心瘋，不得不喝；第三招則是利用人性，敬酒吃了開懷，情投意合，那就不是罰酒。

想不到，這群理工博士們，大愛如此的遊戲，這次的部門大會考績，我竟然得到「rating 1」（評等第一名），而且所有人的feedback都是能不能讓Elsa每個月舉辦一次這樣的聚會！

以上各種荒誕情節，絕對屬實。也因為冥界走一遭，讓我深深反省，這樣跳tone又脫序的行為到底能帶給我什麼實質好處？說實話，還是有的，綜觀如下：

1. **跨部門增進能見度：**當然大企業裡，所有人都只是nuts & bolts（螺帽與螺栓），但我的經驗是，不要以為是小公司，就人人都認識你，反而會因為制度不齊全，或是人事單純、不競爭，沒人去管你的背景、來歷、能耐。利用這種跨部門協調的機會，你能夠為自己爭取更多的曝光與影響力。再不然，也會有人想知道台上那個男扮女裝、女扮男裝、人扮牲畜的可憐鬼是誰吧？

2. **跨技能加深印象：**寫在job description（職務羅列表）上的技能，永遠千篇一律地令人呵欠連連。如果你有任何能夠讓大家印象深刻的技能，不管是吞火、耍劍、後空翻，一定要勇於展示。職場已經太無聊，一點點異類，都可以引爆無限的關注，以及後續的共生火花。

3. **跨平台多方發展：**我的本職是專業經理人，平日上班累得要死，除要滿足老闆需求、尋求團隊共識，以及解決各種會阻礙組織發展、生意達標的問題之外，業餘還是一位作家。當然，職業道德凌駕一切之上，對於每份商業專職工作的offer，我都會堅定宣示身兼作家的職志，並承諾絕對在工作之外進行書寫與宣傳的事宜。但相不相信我，我無法掌握，但我有自信我的專業能力，絕對能讓企業需要我，並接受我的各種身分。

看到這裡，你或許也發現了，全方位發展才能，並不表示心志不一；整日案牘勞形，也不代表工作滿分。若我們不能要求自己時時在工作崗位上思考更多、承擔更多、嘗試更多，以及豁出去更多，也就只是日漸被ＡＩ取代的上一代人工機器而已。

● 躺平權贏得心法：關於建立存在感——跨部門增加能見度，跨技能加深印象，跨平台多方發展。

● 目標：藉由各種場合展現自我，讓公司各部門的人知道、認識，並且無法忽視你，進一步在專業領域給予你更多時間和空間表現。

# 5 讓其他部門主管記得你

許多新人進入公司後，只認識自己的直屬主管及部門主管，除此之外，其他部門在幹些什麼事、執掌為何一無所知，甚至連部門名稱的縮寫都搞不清楚，令人掬一把冷汗。好比工兵總是低著頭默默挖穴，小心有一天被一掌推下坑，真應了「自掘墳墓」這四字。

我便曾經聽過許多例子，都是不懂得將自我光芒展露頭角，最後，不幸的被毀屍掩跡，幸運一點的還能死裡逃生……，這些血淋淋的實例在在提醒職場小白們，與其他部門同事多多交陪，是非常重要的！

譬如P小姐，打從行銷經理T招聘她為產品副理以來，便忠心赤膽，跟前跟後，眼中只有一主，凡事以T為馬首是瞻，跨部門會議問她意見，開口是「T上次說……」，閉口是「T認為……」，惹得大家都懷疑她是被T植入晶片的機器人？還是兩人共領一份薪水？某天，一批上DM的促銷檔，忘記訂貨，導致整個檔期騰空，客戶跳腳，業務被盯的滿頭包，層層回溯，才發現是P忘了訂貨，大家正揣度主子T應該會出手相救忠心耿耿的僕人P，殊不知原本形影不分的主從，瞬間僕人被主子劃清界線，其他部門的主管還在幫忙思考有沒有第二次機會之時，P便已被推出去斬了。

還有W，進公司後的頭一年，便成為部門主管底下的大紅人，因為唇紅齒白、人設佳，竟然被女主管盯上，雖然最後未被染指成功，但清譽已毀，女主管更多次在主管會議上多番詆毀中傷，差點成功逼退他，所幸其他部門的主管聲援：「W有這麼糟嗎？你不要的話，換給我。」才成功幫助W贖身，抖落一屁股情債，遁入光明。

再說到我自己，在菜鳥時代，也曾經一時不察，被主管貼上「自己人」的標籤，以致在轉換職位時受到影響，讓上頭主管對我產生「挑工作」、「挑人」的觀感，後來平安脫身後，每到一個新的職位，就算主管沒有幫我安排，我也會積累一段工作時間後，主動要求與其他部門的主管進行短暫的一對一面談。但這面談不是瞎談，必須掌握三大重點：

1.**自我介紹取交集：**說實在的，沒有人有興趣聆聽你為什麼會進現在的部門或對目前任職的部門有多熱情，如果自我介紹是呆呆地套用公版，不用五分鐘，對方就打呵欠了。

你應該好好思考，自己職掌的工作內容有哪些與對方有所交集。比方說，產品供應部門在核對數字和追貨方面若做得好，對於行銷部門一定大有助益，所以面對產品供應部的人，不妨講講你曾操著一口A、B、C、do、re、mi的破英文跟國外要到貨的豐功偉業；又對於業務部來說，若能掌控好業績與預算，即使對上財務部也不怕被擺晚娘面孔，面對業務部的人，說說自己究竟有多愛研究Excel表，以及如何從公式中獲得療癒挺不錯的。總之，最好能夠針對部門間有所交集之處多加著墨，讓人對你留下「有用」又「有趣」的印象。

2.**對方部門好麻吉：**和其他部門主管見面時，記得提一下你與該部門的合作窗口是誰，並多讚美對方兩句，也順帶感謝一下對方，因為該部門的訓練得宜又專業，在日常業務中給了你大大的幫助。如此一來，除了幫每天一起苦哈哈的工作夥伴們做功德，也讓部門主管有「果然系出名門」的良好感覺，將來勢必會多所幫忙。

3. **合作愉快大計畫：**聊到這裡，順利的話，想必對方已經對你產生一定程度的好感，此時便可以很順當地說一句：「未來如果有跨部門合作的計畫，我很樂意幫忙。」對方聽了，應該也會覺得你這麼說很自然。

當然不是每家公司都有這種專案，有時的合作也只是日常業務所需，甚至最大的跨部門合作計畫也只是——尾牙晚會。但就說說嘛，保不定未來原部門幹不下去，又捨不得離開公司，其他部門的主子願意收你，就再好不過了！

對許多一心想躺平的上班族來說，或許會覺得上述這招只是買保險，或是臨死掙扎，甚至會對此舉生出「身在曹營心在漢，此人真是馬屁精」的議論！其實換個心態來看，你又沒有送裡面藏現金的蛋糕，或與對方約在遠企三十六樓的馬可波羅廳喝咖啡，這樣的約談只要是在公司內，就是專業的表現。

心態開放對職涯有正向的影響。「升遷」就代表你將負起帶人的責任，或要背負更多業績，這時跨部門間的溝通協調能力就非常重要，老闆賞識的是有解決問題能力的員工，如果沒有其他部門協助，單一部門很難突破重圍，更何況企業與業績，本來就是各部門分工合作下的成果。

新人入職後，最忌諱的就是躲起來默默做事，又不是電影《哈利波特》裡的分類帽，把人分配到什麼學院就只能待在那個學院，學院間彼此不相往來，還時不時的口角械鬥。正確的方式是要多多爭取跨部門之間的合作案，藉由開會的機會，和其他部門的主管交陪，讓他們看見你，如此才會在重要時刻對你伸出援手。

**躺平權贏得心法：**關於跨部門曝光——自我介紹取交集，對方部門好麻吉，合作愉快大計畫。

**目標：**增加其他部門主管對你的記憶度，將來若轉調或有好缺釋出，機會大增，再不濟，自己主管想關起門來陰你，也有人照應，在職場上立於不敗之地。

## 6 日常躺平放輕鬆，升遷考核前三個月開始核爆

每家公司都有固定的考核時間，讓主管回顧你一年的表現與考績，再訂定下一年度的工作與組織目標。如果公司規模夠大，可能短期與長期職涯目標還會分別設定。考核的時間點通常設在每年加薪升官的前夕，考核結果決定當年加薪的幅度或能否得償所望——升官。

雖說KPI設定以一整年為時間象限，但老實說，誰有時間戰戰兢兢，每天調出自己的各項關鍵目標出來看，特別有些公司擅長小事變大事，大事變多事，一份工作考核表調出來，多達十個KPI！這……真的不是在為難員工和主管嗎？我當主管時，每每寫完下屬的考核表，都感覺自己已然完成一篇論文，寫到最後，輪到自己的考核表時已經沒有力氣了。難怪有些人考核表上的自評年年都一樣，寧可放棄出頭的機會，也不要每年都寫一次小論文！

對於工作考評，我認為平日知道大方向就好，確保行銷部門新品上市不要

搞砸、業務部門業績目標不要脫鉤……，這些基本的Ｐ（Performance）應當就像行星繞行軌道一樣，日復一日不會改變。

但因為人屬於記憶暫留的生物，所以在考評前三個月，你得開始「核爆」，拚命地爭取Ｅ（Exposure），你可以採取以下三個步驟：

**步驟一——找出去年設定目標：**快把檔案夾深處，去年做的考評報告翻出來，找出今年你將被衡量的目標。不要懷疑，若不提早三個月把資料翻出來，這些ＫＰＩ絕對會被忘得一乾二淨，你想想，每天都被日常會議、雜務、緊急事件填滿，還有誰會清楚記得自己「到底會被什麼衡量」？

**步驟二——針對重點項目追蹤：**假設你不幸身處一個萬事複雜化的公司，考核表上一串落落長的工作目標，連倉庫存貨、盤點也關你的事，事不宜遲，先挑出三個（最多）重點項目追蹤，要和市占率、業績、公司獲利、成本控管等重點營運項目有關，調出ＹＴＤ（year-to-date）的表現，開始追蹤並「想一個說法」。

**步驟三——主動匯報KPI進度：**從考核前三個月開始，大約每兩週（最久至少也要每個月一次）跟主管約時間一對一面談。你大可以跟主管說，想請教業務問題，或說想主動討論專案進度，但其實就是一個inception（全面啟動）的過程，在主管的腦海中種下一些想法。

如何為自己的表現「想一個故事」，並將之再植入主管的腦袋裡呢？有些固定而有效的套路，不可不知。一般而言，關鍵指標達成衡量可概分三種度量——低於預期、符合預期、高於預期，當你完成**步驟一**和**步驟二**時，心中對今年的表現大概有底，接下來就要開始寫講稿了：

1. **低於預期有行動方案：**因應市場趨勢變化，提出工作方式的改變。你要讓主管知道目標不合理，因為時空背景改變，去年設定的目標，到了今年已經不實際，雖然如此，你依然找出解決方案，只要改變工作方式，就能達成目標。簡單來說，山不轉路轉，路不轉人轉；只要讓主管了解你已自我覺察未達目標，那麼考核上也不忍心評得太低。

2. **符合預期以態度加持：**看到這項評語不要太開心，在企業裡得到「符合預期」的評價，也不過就是覺得你不是太傑出，但還堪用，起碼下一年還會繼續僱用你。若關鍵工作指標都有達標，你還得擺出適當的工作態度幫自己拉分——勤勤懇懇，能做絕不推託，向公司證明你是個能夠多勞協作的好用人才。

3. **高於預期拿持續力佐證：**「高於預期」不代表馬上就能升官加薪，還得證明這樣的工作表現不是曇花一現，而是你非常清楚successful driver（成功驅動因素），且這些successful driver都是applicable（可應用）的，此外你也有很強盛的進取心，才有如此傑出的表現，把這些特點都擺出來，主管才會有信心及底氣，給你一個top rating（最高評價）。

老子不愧是無為而治的首要思想家，他在《道德經》裡有言：「弓滿易

| △目標達成 | △應對態度 | △主管可能想法 |
|---|---|---|
| 高於預期 | 清楚成功關鍵<br>持續分享應用 | 鎮家之寶<br>多加利用 |
| 符合預期 | 展現合作精神<br>爭取更多機會 | 不過不失<br>精神可嘉 |
| 低於預期 | 找出業績坑洞<br>提出行動方案 | 知錯能改<br>善莫大焉 |

折，弦緊易斷。」同理，我們不用時時刻刻掛心今年的考績究竟如何，那只會讓自己焦慮症上身，對工作表現也無助益，不如每天每天都踏實地走在「專業出來賣」的路上，抱著要「贏得職場躺平權」的想法，只要在考核前三個月做足考前複習，今年的考績肯定無風無浪，有高功，無大過。

- **躺平權贏得心法：**關於考評準備——找出去年設定的目標，針對重點項目追蹤，主動匯報KPI進度。
- **目標：**抓緊關鍵時刻，做好萬全準備，考評前三個月針對重點加深印象，勝過一整年膽顫心驚、焦慮症掛身。

# 7 一頁備忘錄的魔力

我在藍色城堡任職時，曾在one-page-memo（一頁備忘錄）的魔咒之下痛苦掙扎，當時所有的生意決策、討論、提案都必須完成在一張Word A4裡，不管是多複雜的財務與風險計算，或是各種scenarios（財務情境）、assumptions（模型假設）。

為了符合one-page-memo的要求，我曾一度出了個怪招，當時我好不容易在某量販店的「週末展銷活動計畫」中挪出位置，將「店內位置及動線圖」ctrl C＋V後，卻發現流程、財務分析與預期收益擠不進去，只好將字體縮到最小、邊界範圍設定到最大，最後呈現出來的模樣就像武功祕笈，或段考時，寫在袖口、橡皮擦、墊板上的小抄，內容精細到連當年還耳聰目明、奸巧的我都看不清楚，更何況是日日漸老花的現今。不用說，這份文件當場被主管拋飛了，還痛罵我：「你是驗光師，還是品牌經理？」

之後，我痛定思痛，發現one-page-memo的意義不在容量，而是質量，就跟五分鐘電梯簡報術，或和所有人生難得的相逢一樣，要如何將自己想爭取和表達的東西，濃縮在視覺、聽覺、社交距離只有小小的A4範圍內，這是一個你有權力使用自己的方式揮灑的空間，但須注意，對方也有無限的資訊來源可以過濾你提供的內容。雙方（你—主管）的供給與需求，或可以說是供給與極限，竟如此的懸殊，若不言簡意賅，直搗黃龍，尋求共贏，那你所有的提案都可能被納入古書閣或金紙塔了。

不過，時至今日，大概也很少企業還在採用one page memo or recommendation的Word文書檔，大部分都使用Email傳遞訊息，若有較複雜的數字分析或補充資料，也是直接加入附件。不過，有機會的話，還是建議你磨練一下自己，用一頁文字、邏輯、數字分析來說服Key Stakeholders（主要利益關鍵決策者）。

當時我的one-page-memo trainer告訴我一個「開—車」（Opening-C-A-R）的口訣，迄今想忘掉也很難，以下與大家分享：

Opening**開宗明義**：第一句話就說明你需要這份文件閱讀者做什麼動作（行動）——大概不脫離【請核准】（Please approve）、【請賜教】（Please advice）、【請知悉】（Please note）三種。先講清楚你需要對方做什麼，即一開始便為對方設下了阿喜法則（ARCI Rule）中的關鍵角色。

C——Context**簡單背景**：接著陳述提出這份建議的背景，不要超過三行，而且永遠以key issue（關鍵問題）開場，因為對於非issue的文件，任誰都不覺得需要採取行動。當然，寫法有很多種，業績衰退是key issue、發現新的業績成長機會點，若不加緊腳步，很可能被競爭者奪走也是future risk（未來風險），端看你如何激起大家的sense of urgency（危機意識）。

A——Action**行動計畫**：建議的行動計畫千萬不要複雜，事不過三，超過三點的行動計畫絕對會讓人感覺冗長且忘東落西。根據二〇／八〇法則，一小部分的原因、投入或努力，通常可以產生大部分的結果、產出或報酬。

《80/20法則：商場獲利與生活如意的成功法則》中闡述的很明白，二○%的原因，導致約八○%的結果；二○%的客戶，創造約八○%的業績；二○%的產品，產生約八○%的獲利；二○%的原則，解決約八○%的問題；二○%的改變，帶來約八○%的成效。

R——Result**結果導向：**你建議的行動計畫預期會為業績、組織、效率、企業文化帶來什麼樣的成效？所謂的「成效」，不外乎更多、更好、更優良、更節省成本……，不管哪一種，一定要用數字、評分或是類比（reference）衡量化，否則無法激起閱讀者的腎上腺素。

one-page-memo對我的職涯貢獻頗大，幫助我鍛練出行文精簡而鞭辟入裡（貌似）生意計畫的撰寫功力。由於我這個人很沒耐性，且隨著年紀增長，老花越來越嚴重，如今one-page-memo常常變成half-page-memo，有時甚至連半頁都不到。其實，當你的ＰＩＥ完全建立起群眾可信度，久而久之，老闆看你的文件大概只會看開頭和結尾而已。大家都是被資訊淹沒的大忙人，二〇／八〇法則絕對應該被你我奉為圭臬！

● 躺平權贏得心法：關於一頁備忘錄——（Opening-C-A-R）開宗明義，簡單背景，行動計畫，結果導向。

● 目標：用一頁的尺度清楚交代事務，見字如見人，製造專業、簡潔的曝光印象。

# 8 不得不應酬，如何裝High，貌似合群又自保

很多剛進入職場的有為年輕人覺得最痛苦的事，莫過於下班後，還要和主管、同事應酬，如果是和俊男美女泡酒吧就算了，偏偏是跟一群大肚腩的業務大頭、部門主管，蹲在台菜海鮮熱炒店裡，喝得一蹋糊塗，浪費大好人生和青春！

「應酬」一直是華人交心談事的重要職場文化，很多在辦公室裡，透過電郵、開會、會議紀錄、CC來CC去搞不定的事，只要出來喝一杯，往往就能一醉泯恩仇。不要以為只有本土公司或中小企業才有應酬文化，外商公司也常常搞一些Gala Dinner（慶祝晚宴〔浮誇晚宴〕）、Welcome Party（迎新宴〔抓交替慶祝會〕）、Farewell Drink（歡送宴〔一路好走，喝到飽〕）、部門outing（內部活動〔大家一起裝和樂〕）、Team Building（團建活動〔團體建設洗腦課〕）……，一堆名堂。

雖然你很想翹頭，回家抱棉被，斟上一杯紅酒，泡腳、看美劇，但……如果主管去了呢？（主管肯定是會去的，酒錢是他付的！）不去，會不會淪為邊緣透明人，被說沒向心力呢？如果業務大頭去了呢？（他也肯定會去的，因為大老闆都去了！）這個月的業績還有好大一個坑，喝幾杯，保不定能補得平一點！更可怕的是，如果大家都去了呢？在場唯一沒去的那個人，一定會被「嘴」、被八卦！……別忘了莫非定律，從小到大，哪次聚會不是這樣？

所以，你還是去了！但你不喜歡應酬時喝酒，不是不能喝，而是不喜歡賣笑又賣身的感覺，於是找遍理由躲酒，卻沒一招成功。

「我今天先不喝，感冒。」～「啊！酒精殺病毒啦！」

「我體質對酒精過敏。」～「那是喝的不夠多，你要讓身體習慣它。」

「我正在吃中藥。」～「剛好！酒精加速經脈運行！」

「我在準備懷孕。」～「四眼田雞，你唬我？你不都生三胎了嗎？」

「我先生不喜歡我喝酒。」～「女力！拿出你的balls！」（這位客人簡直醉翻了，我怎麼會有ㄍㄠˇ丸？）

以上這些藉口，我全都用過，也都失敗。要知道一群半茫的同事猶如美劇《陰屍路》中歪斜猙獰的殭屍們，絕對不會放過讓你成為他們一份子的機會。

「If you can't beat them, join them.」（不能打敗，便加入他們。）慢慢地，我這個天生激將體也就拒絕掙扎，拿出義勇先鋒隊的精神，越喝越兇，在應酬場合拚得比業務還猛，業務大哥還拉著我說：「妹子，你緩著點，上次你吐在我背上，西裝乾洗費都還沒跟你算。」

後來，還喝到酒精性肝炎住院，影響健康，迄今，都還得定時回醫院做肝功能的檢查。值得嗎？為了人前一口氣？差點嚥下最後一口氣。

在我的職涯中，為了業績、生意、與領導交陪，努力拚酒的故事多不勝數，有些情景看來搞笑，實則讓我痛苦不已。年輕人進入職場，投入合理的心力，圖得是掙得一份正當的薪水，而不是為了得到種種職業病，畢竟工作只占人生的三分之二，幸運一點，可能是三分之一，剩下三分之一的人生，生活、健康、快樂才是生命的全部。

但人在江湖，身不由己，應酬場合還是得去。如前文所言，如果主管去了、其他部門大佬去了、最忌諱的競爭對手也去了，你還能不去嗎？千萬得去！既然去了，就要讓CP值最大化，重申本書一貫的原則：不得不做的事，只要做得好，做得和別人不一樣，做得讓大家都看到，就是一種優異的表現。

在此分享如何成為應酬達人、聚會焦點，及廣建人脈，讓大佬激賞，又能自保、全身而退的三大絕招：

1. **掌握斟酒權，主動敬酒**：右手拿威士忌公杯，不停鞠躬，幫主管和大佬們倒酒，表現恭敬和融入。千萬不要扭扭捏捏、亂擺小手地喊：「我不會喝。」這樣只會被瞧不起和灌爆酒而已。

如何做到這點呢？採取一對一式敬酒法，趁大家酒酣耳熱之際，直擊目標，衝到對方面前，先說咒語：「感謝×××前輩平常的照顧，我一定要專程找你乾一杯！」右手拿威士忌公杯、左手拿小杯，趁對方一仰而盡時，火速將小杯裡的威士忌倒回公杯。（手腳要迅速，不要被抓到，否則可能會被老虎鉗夾斷大拇指。）

2. **右手持酒杯，左手持水杯：**乾杯後馬上喝水，補充水分，更重要的是，可以趁機將含在口中的酒吐到水杯裡。水杯裡的水量要仔細思量，務必不能盛太滿，我也是嘗試好幾次才抓到訣竅的，有幾次我把酒吐到水杯時，整個滿出來，被同事識破，結果被灌得更慘，而且此後再也不能用這招。

3. **遲到帶禮物，裝醉又裝High：**晚個半個鐘頭進場，此時大概已經開喝過一輪，眾人已經迷迷茫茫的，遲到的你肯定成為眾矢之的的灌酒目標，別緊張，先九十度鞠躬，然後拿出你的神秘禮物——一整瓶威士忌或高粱，以示你今天想要與大家不醉不歸、同歸於盡的決心，這時候肯定全場歡慶，接著，大聲嚷嚷：「啊！我還沒吃飯呢！」（其實去酒局前，已經墊了滷肉飯），接下來，沒喝幾杯，就開始滿場「巡迴演出」——大舌頭聊天，到處揍人或巴頭（當心不要巴到大老闆的），不用多久，就會有人說：「我看Elsa不行了，誰幫她叫55688吧。」

信不信，只要使出以上三大絕招，你絕對能讓主管開心，並在所有人心中留下：「這個人真上道」的酒國嗨咖印象，但其實你只喝了「自己決定」的分量。

看到這裡，你可能會想，有這個必要嗎？難道不能找一家不需要應酬，或是不愛喝酒的老闆，從酒精的魔掌裡全身而退呢？我只能說，根據個人經驗，在這個社會中，真的很難。不過，你我都是聰明人，只要抓對方法出招，面對職場上再光怪陸離的處境，都能化險為夷，轉為對自己有利的處境，把最好的微醺時光，留給自己和心愛的親友！

- 躺平權贏得心法：關於應酬——主動致意，以水代酒，裝醉、裝High。
- 目標：總有不得不去的應酬，用聰明的方法，讓自己顯得合群又enjoy，同時不被灌酒，避免傷身。

# 9 大聲領功，大方歸功

華人向來崇尚謙虛有禮，只要被稱讚，不是回覆「沒有、沒有」，就是「哪裡、哪裡」，明明心裡高興得半死，五臟六腑都快被狂喜衝爆了，還不能仰天長笑三聲，稍事抒發，明明是好事，也會造成內傷。

我曾經在會議中公開讚美某同事的活動策劃很成功，執行力強，希望他分享一下心得，結果該位同事竟然瞬間滿臉脹紅成豬肝色，還一路將頭越埋越低，幾乎想用筆電將自己夾死，搞得正在吆喝團隊鼓掌的我很想放下雙手，拿起手機撥一一九，完全搞不清楚他是高興到中風，還是我剛剛講錯什麼？難道活動策劃者不是他，是隔壁的老王？

會議結束，該位疑似中風的同事血壓也慢慢恢復，臉色蒼白、步履蹣跚地離開會議室後，我忍不住拉住另一名同事，詢問一下對方的健康狀況，另一名同事說：「沒有啦，他本來就比較害羞。」「而且從來沒有主管公開稱讚過他。」原來如此，可憐的孩子，希望你撐過這一次，下一次能更習慣。

在日常生活、待人接物上，謙遜的態度既合理又得體，但在職場中，當你表現良好、有功績，受到稱讚褒揚時，千萬不要害羞忍耐，一定要帶著自信和肺活量，大聲領賞，大方地與團隊、主管分享功勞，為自己爭取最好的E（Exposure，曝光）。這麼做背後隱藏的意義深遠，不僅是增加自信心而已。

1. **知道做對了什麼**（what's working）：做出好成績，不是瞎打誤撞，而是比別人更清楚施力點，能輕鬆地利用槓桿舉起地球。
2. **為未來投資**：有自信，又知道what's working，公司沒有不繼續重用你的理由，畢竟這樣的你必定能在現在或其他崗位上發揮最大效能。千萬不要浪費每次的credits（讚賞），應將次次的credits變現，為未來投資。
3. **展現領導力**：一個好的領導者不會自己衝鋒陷陣、殺敵奪冠，而是發掘人才，讓團隊發揮最高效能，團隊包括你和你的下屬、同事（平行的），還有你的主管。只要能正確說出團隊中每個人貢獻的成功環節何在，就表示你深刻知道如何用人調度、激勵團隊；表揚成員之餘，也不要忘了感謝主管支持與給予機會，飲水要思源，你的感謝之舉隱隱告訴眾人，未來若能升遷，你會成為一名給予下屬支持與機會的主管。

無論讚賞來自現場會議或電郵，第一句話一定要回應：「謝謝！我很高興！」再來是：「這次活動的成功要素是……，未來若能繼續發揮，成效更彰。」最後：「若不是×××的技能，還有主管的指導，這次活動也不會如此成功。」陳述簡短有據、態度自信不退讓，讓一次性的credits成為繼續為自己加分的資產。

也許，你會覺得，有沒有搞錯啊！我怎麼知道哪天會天降神蹟，好不容易受個稱讚也要想這麼多，還得準備講稿?!別忘了，本書的主旨是「花最少的力氣，放在最適的場合，獲得最好的效益」，想要贏得職場躺平權，就要在E（exposure，曝光）這個環節多花心思，製造Halo Effect（暈輪效應），讓你每次做事都蒙上聖光，加深眾人對你的信任與重用，事情才會越做越順，你的職場生涯才能越躺越平。

若你希望能百尺竿頭，更進一步，甚至可以化被動為主動，沿用CAR（Context內容—Action行動—Result結果）的方式，將業績、活動、專案成果，結合「得獎感言」，透過電郵主動與相關部門及主管分享。信件主旨以【分享】開頭，讓收信者知道你除了告知好消息，也有好撇步相報，大家一起來滾雪球，將業績做大，公司生意好，福澤廣佈，雞犬升天，老闆一開心，除了加薪、加獎金，最重要的是全公司的人能幫忙分擔你肩上的業績壓力，以免徒生「樹枝孤鳥」之感。不能只有自己辛苦，最好大家一起輕鬆，這才是躺平的最高奧義！

● 躺平權贏得心法：關於功績——大方謝恩領功，歸功團隊和主管，清楚施力點，繼續投資未來。

● 目標：功勞不能只有自己領，除了避免招人眼紅、背後中箭，分享也能積累更多正向人脈。一定要得體地感謝團隊和上司，為未來爭取更多好機會。

# 10 運氣也能設為目標，用行為影響思想，進而改變氣場

二〇二三年WBC棒球經典賽，最後一球世紀對決，大谷翔平以「超噁心滑球[4]」將神鱒瀟灑三振後，我開始研讀大谷翔平的傳記，發現其中有許多勵志金句及故事，建議每人入手一本，擺在客廳觸手可及之處，給下班後灰心喪志，宛若一條鹹魚，捲在沙發上的自己，能隨手翻開來看兩頁，保證絕對能讓你瞬間熱血沸騰，一躍而起，起碼能按下洗衣機，一鍵完成洗脫烘，或啟動掃地機器人，不至於什麼事都做不動。

大谷翔平的傳記中，除了人生階段目標外，我對他的「曼陀羅計畫表」（請見本篇最末圖）最感興趣。很慚愧，身為職場作家，竟然第一次知道這個名詞，還以為跟曼陀珠有什麼關係，打開一看，原來是九陽真經嘛！也就是九宮格計畫表，首先在表格最中間的核心位置列出「終極目標」，然後列出八個

「高度關聯目標」，再將八個「高度關聯目標」為中心各自發展成完整的九宮格，等於每個「高度關聯目標」各有八個「動力目標」能發揮影響力。真的是很有學問的一張表格！

說到這裡，突然想起，我好像在某家公司的某個年度大會上，被迫填過這張九陽真經，當時一張桌子十個人，在十張嘴乘以十根舌頭的杜比環繞音效之下，耳道及心理都感覺現場彷彿有一百個人在討論事情，結果就是過個場，當然無效。九宮格計畫表屬於非常個人化的練習，需要時間、空間，好好靜心思考、羅列。

4 噁心滑球為網友對大谷大角度滑球的戲稱，有崇敬之意。

傳記裡最令我驚喜的大寶物，是大谷竟然將「運氣」也列為目標之一。眾所周知，棒球是圓的，輸贏不定，就算是職業球員、全球讚嘆的二刀流選手，面對每場比賽，勝負與否，「球運」還是很重要。對一般人、上班族、老百姓也一樣，時也、命也、運也，人力常常大不過天。

大谷對「運氣」的關聯目標設定，並非燒香、拜佛、擲筊，而是非常基本的做人、做事道理，從好學生式的「打招呼」、「撿垃圾」、「打掃房間」、「珍惜球具」，到「正面思考」、「成為大家支持的人」、「對裁判的態度」，還有「閱讀書籍」！看到此，突然深深覺得自己應該對高中時的公民健康衛生老師土下座道歉，「老師對不起」，我們如此不守秩序又環境髒亂，還不規規矩矩地起立、立正、敬禮、坐下，活該考運不好，成績低落！

在辦公室裡，業績壓力、主管臉色，或昨天才捅了你兩刀的同事……，常常都會讓你感覺氣憤填膺、心不平氣不和，但為了運氣，我們還是要每日都對自己精神喊話，努力維持正面氣場：

1. **放鬆才能清楚**：輕鬆自在也是一天，氣急敗壞也是一天，公司並不會因為你今天情緒比較激動、心情比較浮動，而發給你精神撫恤金。面對外在紛擾，最好的方式是將自己抽離，不停地提醒自己，除了工作，你還擁有屬於自己的生活，付你薪水的公司只需要你的專業，並不需要你身心靈三位一體的投入。

2. **清楚才有智慧**：當你清楚工作對自己的意義，外界毀譽便不再那麼重要，當然我們要用聰明的方法爭取優質曝光，但不代表別人對你的評價必須照單全收，公司和企業也無法決定你這個人的價值。你可以活出全宇宙，不僅僅是辦公室隔間的框架裡。

3. **智慧才有善緣**：有了能放下、能清楚、能自我肯定的智慧，自然能夠優游自在，處事游刃有餘，不隨風起舞。淡定與冷靜的態度也能幫你看清，誰在蜀犬吠日，而誰是忠言逆耳，也能進一步分辨出辦公室裡值得結交或需要幫助的同事，並在紛亂江湖中伸出援手，結下善緣。

暢銷書《秘密》中的「吸引力法則」指出，只要許願、發願、全力以赴，你所希冀的事務就會前來。大家都明白正向思考非常重要，「行為」影響「想法」，只要每天都先做出正向行為，自然會產生正向氣場，正向氣場很重要，會為你帶來好運氣，運氣若不好，什麼都不行。思考與行動一致，行動自然會轉化為力量，就算遭遇逆境，也能不以為意，潛心自用，等待大浪過去，海面無波，人生又是一番好光景。

我有一個交好的高中同學，高中時明明和我一樣髒亂，現在竟然告訴我她每天下班前都會把桌面清空、辦公室整理乾淨、椅子擺正，「像是沒人用過的辦公室一樣。」我拍拍她的肩大笑：「我懂、我懂，這樣晚上遞辭呈，早上就不用進公司收東西，哈哈哈。」被她巴頭：「才不是，這樣每天進公司，都感覺辦公室在歡迎我開始全新的一天，而且是第一天！」

誰說不是呢？回想我自己進入職場的第一天，那種戰戰兢兢，腎上腺素飆升，未來希望無窮的感覺，好想找回那種菜雞感，若能以現在的老鳥之姿（就算沒有位高權重，也能倚老賣老），加上年輕感，在世界這張空白畫布上任意揮灑的衝勁，工作起來一定更有勁。

雖然公司不可能隔天就調整我的職務、位階、權責、派駐地點（希望不要），但起碼我可以調整自己的工作環境和心態。正念帶來正運，就是大谷以二刀流之姿踏上大聯盟投手丘的第一步，每個人都做得到！

只要正向思考，行為便能改變思想，思想就能改變氣場。相信我高中同學的運氣，一定比我好！默默決定多多和她相聚，多多沾染好運勢，還能一起去買運彩（大誤）。

- 躺平權贏得心法：關於掌控運氣——正向行為，放鬆清楚，以智慧處事待人。
- 目標：用行為改變思想，將自己的運氣當作可人定之事，營造正向氣場，以善招善，職場自有順境。

曼陀羅計畫表的活用範例

| | | | | | | | | |
|---|---|---|---|---|---|---|---|---|
| 身體保養 | 吃營養品 | FSQ 90公斤 | 改善踏步 | 強化軀幹 | 保持軸心不晃動 | 製造角度 | 把球從上往下壓 | 強化手腕 |
| 柔軟性 | 鍛鍊體格 | RSQ 130公斤 | 穩定放球點 | 控球 | 消除不安感 | 不過度用力 | 球質 | 用下半身主導 |
| 體力 | 擴展身體可動範圍 | 吃飯 早上三碗 晚上七碗 | 強化下半身 | 身體不要開掉 | 控制心理狀況 | 放球點往前 | 提高球的轉速 | 身體可動範圍 |
| 設立明確的目標 | 不要忽喜忽憂 | 頭腦要冷靜 內心要炙熱 | 鍛鍊體格 | 控球 | 球質 | 順著軸心旋轉 | 強化下半身 | 增加體重 |
| 加強危機應變能力 | 心志 | 不要受到氣氛影響 | 心志 | 獲得八大球團第一指名 | 球速160公里 | 強化軀幹 | 球速160公里 | 強化肩膀力道 |
| 心情不要起伏不定 | 對勝利執著 | 體諒隊友 | 人品 | 運氣 | 變化球 | 擴展身體可動範圍 | 練習傳接直球 | 增加投球數 |
| 感性 | 成為受大家喜愛的人 | 計劃性 | 打招呼 | 撿垃圾 | 打掃房間 | 增加拿到好球數的球種 | 完成指叉球 | 滑球的球質 |
| 體貼 | 人品 | 感謝 | 珍惜球具 | 運氣 | 對裁判的態度 | 緩慢且有落差的曲球 | 變化球 | 針對左打者的決勝球 |
| 禮貌 | 成為受大家信任的人 | 持之以恆 | 正面思考 | 成為受大家支持的人 | 閱讀書籍 | 用投直球的方式投球 | 讓球從好球區跑到壞球區的控球力 | 想像球的行進深度 |

（來源：早安健康https://www.edh.tw/article/24246）

# PART 5

# 躺平工作，站起來活出自我

讀了本章之後……

學會用 PIE 輕鬆駕馭工作，開始有餘裕，透過更清明、開闊的視野，檢視當前的大好人生，決定自己應當過什麼樣的生活，活出真實自我。

# 1 時刻練習轉念，夾心餅乾也能左右逢源

每到年底，各種理財、工商、經理人專欄或人力資源網站，都會做一項「年底轉職意願大調查」，受訪的樣本數還不少，至少上百上千，最後的調訪結果，也會用專業的圓餅圖呈現。

遠遠一看，圓餅圖就好像被壽星意思意思、切下一刀的生日蛋糕——只有一小片生日蛋糕是「沒有轉職的打算」，盤上沒切的大塊蛋糕都是「想換工作」！

好像只有傻子，或沒行情、沒上進心的廢柴才沒有換工作的打算，我常猜想受訪者是不是抱著一種「輸人不輸陣」、「說久了就成真」的心情回答問題：「對！老子／老娘領完年終就不幹了！」

在職場中，無論職位高低、部門屬性、市場大小，每個人其實都是夾心餅乾——客服專員要安撫奧客、業務需要對採購順心順意、總經理或執行長要向

董事會匯報，就算是董事長，公司一旦上市，也是得面對廣大股民、投資者，解釋負責。想要自由自在、隨心所欲，不僅不可能，光說我們每天所能達成的決策或完成的工作事項，單單靠自己能完成的比例也是低得令人垂淚。

如若常常想著上司如何為難我、部屬如何不成材、客戶如何更年期失調或鬼上身、同事如何挖坑給我跳，只會讓我們的工作情緒低落，甚至陷入「社畜思維」。這些負面想法無時無刻都會出現，即便我們努力忽略、忍耐、接受，但只要無法將之轉化成正向能量，日積月累下來，就會像沉重的沙包，一層層地堆疊在我們日益僵硬的肩頸上，有朝一日終將我們壓垮，無論是精神，還是身體。

人一生工作的時間基本從三十年起跳，期間違心違意、遭逢逆境是常態，勢必得想辦法轉念，化負面能量為正向力量，才能維持健康的身心，儲存我們需要的金錢與人脈，如願過上順遂的退休生活。

我最常使用的三個轉念心法，是源自心理學著名的「畢馬龍效應」（Pygmalion effects），也就是世人常說的：「演久了，就變成真的。」

1. **腦補變現：**每天早上起床，先對自己說：「今天回到家後，我就又賺到××元！」在腦海裡想像一下錢錢鏗鏘入庫的清脆聲，然後稍稍除算一下自己的一日所得，想著能有工作，能有收入，能過上自己想過的生活，為自己或心愛的人購置所需，實在太幸運了！

2. **自我抽離：**在辦公室遇到小人、衰事、責難，我一定用第三人稱在腦海裡複述一次這些遭遇，最後學著用畫外音的語調跟自己說：「經過這件事情，郭艾珊又長了一智，她下次更知道如何處理了！」彷彿每天都在寫《安徒生童話》或《台灣民間故事》，透過「置身事外」的方式，抽離負面情緒，出乎意外地相當有療癒力。

3. **培養善意：**隨時隨地訓練自己發現他人的優點、善意、長處。面對再糟糕的人、再爛的老闆、再笨的下屬，也務必要在他們身上找到一項可學習之處，對之讚嘆再讚嘆，並且不停地將那值得珍惜的優點，時時掛在嘴邊讚美。這麼做雖然很困難，但只要訓練起來，宛如套上金鐘罩、鐵布衫，從此刀槍不入，跟誰都能合作，鬼都不怕！

這三大轉念心法，讓我從初出茅廬、氣燄高漲、總覺得公司虧待我、見不得同事一點缺點、眼裡容不下一粒沙的難搞社畜，轉變成如今慈眉善目、好脾性、好性格的「職場媽祖娘」。並不是我的稜角「被」磨平了，也不是我「被」馴化了，而是我主動轉念，將所有遭遇都化成我的學習。有點像金庸小說下的西毒歐陽鋒，敵人傷我，自成我的武功，轉念對於健康而可持續的職場人生實在太重要、太好用了。

拿無聊的會議時間來練習第二心法和第三心法，超級好打發時間，會議再冗長也不妨礙大腦內充滿無窮的樂趣，一邊把自己當成編劇，刻劃職場人生，一邊腦補，列出會議桌上每個人的優點，這也是轉念、修身、養性之外的意外收穫呢！

● 躺平權贏得心法：關於轉念——腦補變現，自我抽離，培養善意。

● 目標：讓工作更順心，上班不難受，時刻都能將逆境化為學習、蠢人化為善人、無聊找到樂趣。

## 2 Work Life Balance是不是都市傳說？

在我任職過的跨國企業中，不少公司都將Work & Life Balance（工作與生活平衡）列為企業提倡的價值，也是人資部門每年發起的「企業滿意度評量」的重要指標之一。

公司在宣揚「結果導向」、「效率第一」之餘，永遠會跟著ＷＬＢ這句話，就好像菸酒公司的廣告，結尾一定會出現「吸菸過量有害健康」、「理性飲酒」；投資廣告後面一定會出現一串連珠炮似的「基金申購有賺有賠投資人請審慎負責……」警語。

說實話，每次在填寫「企業滿意度評量」時，針對ＷＬＢ選項，心底感到十分酸楚，總覺得自己被公司吃乾抹淨，壓榨到下班後連一滴精力都沒有了，還得高高興興地說：「我的生活很不錯！」明明繳了健身房年費，一年卻去不到十二次，常常還只是去洗澡兼桑拿，這不是自欺欺人嗎？

雖然職涯裡，我一直以「準時離開辦公室」、「五點五十五分關上筆電，收包包，走人」自傲，但坦白說，很多時候也只是換個形式，將工作帶回家做而已。就算偶有閒暇，腦子裡也是掛著公事，走神忘形常有之事，雖然週休二日，但真正快樂、放鬆的時間大概只有週五晚間到週六一早，從週六傍晚就開始Pre-Monday Blue（週一憂鬱症提前準備）；連假也是，通常假期越久，離開工日越近，越焦躁不安，每次動了辭職之念，都是在收假前夕。

你，也是如此嗎？

這樣的困惑，一直到幾年前，遇見一個職場老前輩才得到解惑。對方是位退休多年的總經理，重出江湖，擔任慈善基機會的顧問，我疑惑地問她：「準時下班算不算Work & Life Balance？如何才可以達成這個職場仙境傳說呢？」她開懷大笑地說：「人在職場的一天，根本沒有Work & Life Balance，這是Urban Legend（都市傳說）啦。」

這對自詡為ＷＬＢ達人的我，委實打擊不小，這麼多年來，我兢兢業業，拚命地營造「工作有效率，生活有規律」的形象，簡直徹底摧毀。

再繼續詳究，她的意思是，人在江湖上，越混越久，刀便越磨越光，權責隨著時間而增長，不管是向上爬，或是在同一個位子久待，影響力都會逐漸變大，就算別人不要求，自己也會給自己壓力。「下班後，想專心生活，把工作完全拋開，這條線沒法畫得那麼清楚。」

這麼說來，我們豈不是一踏入社會，就賣身為奴，一輩子變成企業牲畜嗎？就算不爽，把辭呈丟在老闆臉上，出來賣雞排，都還要考慮一下，老闆以後變成顧客，不跟我買雞排，怎麼辦？一輩子沒有自由，太可怕了！

聽畢我的抱怨，她悠悠地說：「只能盡量趨近Work & Life Balance，而且趨近的唯一方法，是你有很好的Supporting System（支持系統）。」

步入職場中後段的這些年，我常常在反芻深思這句話，到底怎樣才算是好的支持系統，又能夠趨近到什麼程度呢？

直到過去兩年，我從職場中為自己爭取到gap year，除了工作之外，拓展了更多個人志趣，包含報考文學所、寫作出書、重拾鋼琴課、參加佛學班、重回排球場等，在這些開心的活動中，彷彿能將工作遺忘地一乾二淨，我才真正體悟到，每個時段應該建立什麼樣的支持系統，是Work & Life Balance的必須條件。

1. **職場前段：**單身、未婚、未育，一人飽全家飽時，請盡情體驗生活，拓展人脈，多旅遊，多闖蕩，定期為自己豐富職場之外的見聞，時常為心智充電，這些都能轉化為工作的動能（起碼存款見底，就會認命回來工作賺錢）。

2. **職場中段：**有家庭負擔後，要系統性地、謀略性地建立支持後盾。可以是公婆爸媽，可以是安親班，可以是左鄰右舍，也可以是悲催家長互助團體。這些人要積極籠絡，建立互信互助的關係，讓你就算加班晚歸、出國、出差都有緩衝資源。當然，最重要的是你的隊友，絕對要將她／他訓練成同一國的盟友，互信互挺，否則這段職場三明治的日子，公司裡是「偽老闆」，家中是「偽單親」，怎麼可能挺得過去？

想當初，我在一段必要的時期內，連門口警衛都加以籠絡，逢年過節送小禮，中秋節烤肉還端了一大盆奶油蝦過去，希望他在我和先生都不幸要加班，小孩又忘記帶鑰匙的時刻，可以伸出援手，打開電梯，起碼讓小孩能蹲在家門口刷一下WI-FI，等我們回家。

3. **職場後段：**積極拓展工作以外的志趣，讓你下班後還能怡情養性，不要時刻掛念繁務，很多時候是自己拋不開、放不下，事實上，公司沒了你，也不會倒，手下的小朋友們也大多能獨立做事。學會放手的第一要務，是先找別的事情來忙。

大膽地總結一句，Work & Life Balance的確是都市傳說，但不僅僅是因為工作做不完，最大因素還是自己缺乏充電的決心、支援系統，以及找不到工作之外的興趣與價值。與其責怪工作，不如從自己做起，一步一步，我們會更趨近平衡人生，只有放開手，才能掌握新的東西。

● 躺平權贏得心法：關於工作生活平衡——做好心理準備，找足備援系統，隨著職涯演進、調整重心。

● 目標：不再因為無法達到工作生活平衡而自責，清楚人生各階段的輕重緩急，無論得到或犧牲都是自我的選擇。

3

# 人非聖人，允許自己擁有一個壞習慣

在一本和大家分享如何聰明工作，贏得職場躺平權的書中，勸大家培養一個壞習慣，這是怎麼回事？

請容我重新詮釋一下，培養一個，只有自己才知道、才能享受的「私」習慣。有點像過度換氣時，需要一個紙袋幫助呼吸，或是用手圍出一個安全區域一樣（阿湯哥在電影《世界大戰》裡，就是這樣教因為看到外星八爪怪而快昏倒的女兒）。在這個私領域、私習慣當中，你可以得到全然的靜謐和安全感。

有個朋友的私習慣是，在睡前刷MOMO，將所有想要的東西放進購物車，但不結帳，隔天起床再一個個刪除，覺得自己省了很多錢，而且發現原來有那麼多不需要的東西。

還有一個朋友的私習慣是，將浴室刷得晶亮，噴上最高級的香水，再把除濕機開到最強，鋪上長絨地毯，躺在上面看劇。

另一個朋友的私習慣則是每天早上五點起床洗衣服，加入大量的芳香豆，然後曬衣服時就可以一邊看日出，一邊聞花香。

（馬上被發現了，以上三個朋友都是我本人，哈哈。）

我不是心理學家，只是在職場打滾多年，發現我們一天到晚在辦公室裡裝聖人、裝大人，其實內心有很多匱乏、不安全、脆弱的地方，即使回到家也常常無處宣洩。與其喝酒、抽菸、吃消夜，不如找一些自己喜歡做的小事，再沒意義也沒關係，只要能讓自己感到安全就行，如果還可以改善環境，更是一舉兩得。

每個人都應該寵一下自己內心中的孩子。

就算，你決定這個「壞」習慣、「私」習慣是抽菸、喝酒、吃鹽酥雞，也無所謂，設個鬧鐘、設個限制，不要超出適當的時間或分量，盡情享受，算是寵愛自己。

但什麼是適當的時間或分量呢？譬如，隔天早上起床，看見垃圾桶裡的空罐、菸灰或鹽酥雞紙袋，不會想報警：「我家被闖入了！」

人非聖賢，每個人都有不知節制的時候，我也不例外，還很多！在上海工作時，有一陣子迷上麻辣燙，每天下班，剛坐上車，就開始下單——蛋腸、腐竹、豆皮、鴨血、豆芽菜……，迷戀到，我一度嚴重懷疑麻辣燙商家的底料有加罌粟，吃了真的會上癮，而且吃的時候，為了解辣，一定得配上三、四罐冰啤酒，一年下來，姐從標準的名模身材（自己說），一路胖到六十五公斤，比懷孕六個月時還胖，這就是不知節制的後果。現在回頭看當時的照片，其實有點珍惜，人生中最胖的時候還真可愛！

每個人都有自己的癮症，我曾研讀過一本書《成癮與大腦》，大腦機制既神祕且複雜，任何事物，只要能帶來愉悅感，就會在大腦的迴路中留下記憶，之後再遭遇壓力、緊張、挫折，需要放鬆和愉快時，就會循著上一次的記憶，追求同樣的東西，慢慢地形成一種固定反饋迴路，而且大腦會不斷地學習進化，用更有效率、更快的方法，讓你達到同等的愉悅，久而久之，你會開始追求更高的滿足感，是謂成癮的進化機制，某種程度上，和生物演化的能力極其相似。

人的癮症何其多，如購物癮、社交追讚癮、戀愛癮、甜食癮、高跟鞋癮……，為了滿足這些癮症，付出的代價可能不下於一個酒癮、毒癮、菸癮患者，只是社會上沒人覺得這些癮症是疾病而已。就好像大夥兒都在精神病院裡，誰分得清楚醫護人員比較正常，還是病患比較正常呢？誰能定義什麼是正常呢？

我研究過「判斷酒癮的十個法則」，這是酒精成癮協會用來判斷成癮危險狀況的標準，只要超過兩個以上的紅燈，就表示有症狀，必須注意：

1. 我的酒量比以前強。
2. 我一陣子不喝酒（約幾小時到七十二小時）會感到很不舒服。
3. 我總是超過原本想喝的量。
4. 我用一些方法來讓自己少喝一點，但最後還是破功。
5. 喝酒的事情花了我好多時間。
6. 我為了喝酒，沒做該做的事。

7. 明知道喝酒會傷害身體，還是照樣去喝。
8. 我渴望喝酒，只有喝酒能帶給我滿足。
9. 我在有危險的狀況下，還是照樣喝酒。
10. 我為了喝酒，對家人朋友說謊。

非常有趣的是，你把上面的「喝酒」置換成「網購」，傷害「身體」換成「錢包」，「有危險」換成「沒錢」，其實也一樣成立。

你也可以自己置換成自己正在成癮的事情，如網戀、約×、追星、蒐集BL貼圖，或囤物、買書、斷食、手沖咖啡……（有感覺比較健康嗎）。

那怎麼辦呢？生活這麼苦悶，出門會染疫，在家會無聊，單身會魚干，戀愛會被渣，連找個好東西來享受一下都會上癮，這樣子要如何培養「一個」私習慣？

就像雞蛋不要放在同一個籃子，談戀愛不要只找同一種星座的對象一樣，你要培養多種私習慣，而且公平分配，合理限制時間。不要覺得私習慣就是要廢，何須規劃？越是不經心，越容易將我們上班族珍貴的耍廢時間變成報廢時間，甚至忘記休息，傻傻地繼續把私人時間拿去工作，這是絕對不可行的，別忘了，這是一本教人躺平工作的書，為得是好好地過自己的生活啊！

- 躺平權贏得心法：關於私習慣——多方嘗試，公平分配，理性犒賞。
- 目標：找尋工作之外的重心，既能宣洩壓力，又不失身心健康，才算擁有自己的生活。

# 4 性向測驗再做一次，提前探索第二人生

本書開頭便已提過這個概念，現代人的勞動年齡必須拉長，即使從企業公司體系中退休，也常常會找第二，甚至第三人生，才能不讓自己被時代淘汰，繼續維持學習與產出的節奏。

換言之，想要像我們的阿公、阿嬤一樣，退休下來，就待在家裡含飴弄孫，是不太可能了，不是因為我們不肯老骨上陣，而是屆時很可能根本沒有孫輩給我們玩弄，玩玩寵物倒行！

從企業中完身而退，固然是好事；但退下來之後，你要做什麼呢？追劇、網購、滑手機？一旦每天不用掛著狗牌（員工證），逼逼上班，逼逼下班，你想好自己要做什麼了嗎？要知道，人是群體的動物、被企業豢養久了的生物，當你不用隨著身邊的人生活步調一起行動，縱有短暫的「翹課」欣喜感，不久之後，心慌和迷失的感覺就會如浪潮般襲來，一瞬間，會覺得自己被社會遺

棄，好像被利用殆盡、拋進廚餘桶中的食物廢渣，那種感覺相當不好，不比在企業中受荼毒的毒性弱！

「工作」與「不工作」間，是不是真的只有二分法，完全沒有中間點。有沒有可能還是「工作」，但不放棄其他職志，或是擁有不只一種的工作呢？

我認為這是可能的，前提是不能將「工作」只定義為：進辦公室領薪水，這思維太僵固了。我們的第一人生已經完全和ＫＰＩ、數字、業績、獎金掛勾，第二人生的衡量方式必不相同。做義工、在家照顧家人、進修學習，甚至旅遊，只要符合自己的興趣，又不虛擲人生的事務，都可以嘗試看看，都可以視為工作！

提前探索自己的興趣、愛好，就像再做一次性向測驗，非常重要。還在職場上時，每天光忙業績，都不知今夕是何夕了，誰想得到上班之外還能做什麼！但現在「不開始想」，以後就會「不想開始」，有一個微小的火光、一個意念在前方導引你，非常重要，也會讓你此刻工作起來，感覺更踏實，因為人都是這樣的，唯有知道門之後是什麼，才敢大步向前，推開下一道門。

要如何提前探索呢？可以從三方面著手：

1. **結合興趣與進修**：人如果不能一直學習，就會有原地打轉、停滯不前的窒礙感。但走到第二人生的階段，又沒辦法像年輕時，為了考試、升官發財，強學強記，這時候興趣就非常重要，如果是自己感興趣的東西，重回學習之路是一種快樂，學習後，甚至會後悔年輕時念書，為什麼都在翹課、戀愛、打瞌睡！

   我的朋友裡，有人學營養學，有人學小提琴、西班牙文，也有人進修成為人生教練（coaching），還有人練流行舞蹈……，什麼都有，而且越學越起勁。不要以為這只是「打發時間」，很多學習都能拿來變現，在網路流量的時代，自己學好了，就能去教人，或拓展更多細分職業平台。

2. **思考未來奉獻方向**：大部分人的第一人生目的單純，就是為了賺錢，到了第二人生，若能以奉獻或幫助為目的，則能走得更穩、更久。當義工、加入非營利組織、創立非營利組織，都是能採納的方向之一！

3. **找回童年初心：**譬如我，找回童年的第一份性向測驗——「寫作」。如今寫作有很多平台、方式、表現手法，當個作家也不一定僅僅是出版書籍而已，成功的作家往往也是亮麗的自媒體。不用畫地自限，先從初心開始，初心會帶你走出更不一樣的天地，看到更奇妙的光景。

就算找不回童年初心，也可以再做一次性向測驗。許多人可能會驚訝，自比甫出社會時，做過的性向測驗，無論是ＤＩＳＣ人格行為分析，還是１０４銀行的工作適性測試，現在重新做一次，兩次的結果迥然而異！

時間是公平的，時間所帶來的改變也是公平的，每個人都會變老，或隨著歷練、遭遇、機緣，改變自己的想法與性格，因此你的未來很可能過上與從前判若兩人的生活，因為你已經是一個完全不同的人了，唯有再次了解自己，真誠地追隨心之所趨，才能活出自己想要的人生。

坐在辦公室中，等待下一個會議開始前，你可以開始想想，第二人生能做些什麼？別擔心自己會灰心喪志，立馬辭職，反倒越想工作會越帶勁，因為前方人生更有趣！

- 躺平權贏得心法：關於第二人生——結合興趣與進修，思考未來奉獻方向，找回童年初心，再做一次性向測驗。
- 目標：重新了解自己，為第二人生定錨，為了使生活過得滿足而充實，不放棄此生任何的可能性。

5

# 丟掉名片之後，我才真正找到自己

二十多年的職涯沉浮，因緣際會，加入了許多精采的公司，和一般人比起來，我「換軌」的頻率算多的，有些是不得已，有些則是機緣，回首一看，總忍不住慨歎，人在江湖，能作主的事有幾多？

多次換軌讓我累積了不少名片，有不同的職銜、經歷、各式各樣的企業LOGO與設計風格，全收藏在抽屜深處，時不時拿出來翻看一下，提醒自己，雖然在每家公司都盡心盡力，但最終都是過客。

二〇一八年，因為孩子教育的關係，我們決定舉家搬回台灣，離開居住及工作了七年的上海。剛回到台灣，以為是回家了，但潮濕的天氣讓我全身過敏，蕁麻疹大發作；再者，不適應行動支付尚未普及，常常忘了帶錢包出門；加上要幫小孩註冊新學校，需要尋覓新住處（我們去上海時，只有一家三口，回來變成一家四口），以及安置從上海運回來近一百箱的物品，把我和先生忙得團團轉。環境的轉變，對未來的擔憂，也讓我的憂鬱與焦慮同時發作，彼時，先生勸我先在家休息，由他繼續工作。

於是，我開始了「沒有名片的生活」。

原以為自己會很享受這難得的長假，想不到一切安頓妥當之後，每天當先生和小孩都出門，大門關上，剩下自己與滿室靜謐之後，心中的焦慮感不降反升。半輩子都在辦公室內度過，天天在家，反而令我手足無措，覺得自己被社會拋棄，和世界隔絕，認識的同事、朋友都在上班，不好意思打擾，我常常打開電視，轉到新聞或政論節目，讓嘈雜的播報聲及人聲作為背景音陪伴我，才能靜下心來看看書。每天過了中午之後，是我最心慌的時候，習慣了之前在辦公室總有同事相招吃午餐，自己一個人不知道該弄些什麼東西吃，索性就不吃。一直到傍晚之後，小孩和先生陸續回家，開始張羅晚餐，浮動不安的心才安回原處。

以前，睜開眼害怕上班，現在，睜開眼害怕自己獨處。

後來，實在受不了這樣異常的情緒，我主動求助身心科，醫師聽一聽我的情況，笑笑地對我說：「這是退休症候群。」

「但，我還年輕，而且沒有打算完全退休，只是短暫休息啊。」我狐疑地問。

「退休症候群不單指實際屆齡退休的情況，因為人是社會性的動物，一旦脫離了原來習慣的社群，單獨行動，會產生像你一樣焦慮心慌的情況。」醫生開了抗焦慮劑給我，推薦我幾位心理諮商師，建議我找諮商師聊聊。

「難道我要趕快回去工作嗎？」我憂心地追問。

「不一定是工作，尤其你是因為身心疲累需要脫離高壓環境，但要找到工作外的生活重心，這就是你現在首要的功課。」

啊，好難啊，半輩子都在拚了命地適應工作，現在還得適應不工作的人生？當時非常沮喪，心想，人也太悲哀了。

幸好，聽從醫生的建議，與心理諮商師固定談話，慢慢地意識到自己心中其實還有很多的「渴望」，希望在離開人世之前不要留下遺憾的那些未竟之事。就如電影《一路玩到掛》（The Bucket List）中，傑克．尼克遜與摩根．費里曼互相塗寫完成的那張人生遺願清單，依照諮商師的建議，我也將自己的bucket list一一列下，當作目標，開始一步一步地實踐。

以下是我當時列的「遺願清單」：

1. 完成三鐵
2. 單車環島
3. 橫渡日月潭
4. 學會〈蕭邦夜曲Op. 9 No. 2〉
5. 煮菜給家人吃
6. 重拾排球
7. 嘗試寫作
8. 探索宗教
9. 練出六塊腹肌
10. 削短髮

有了目標之後，心彷彿就安了一半，我用接下來三年的時間，完成以上六項目標。

週一到週五都有不同的安排，日程安排的不至於太滿，卻很充實。健身、閱讀寫作、參加法鼓山佛學班、設立「廢柴主婦的五十道奇怪料理」部落格、重拾鋼琴課、參加排球社團……，小目標滾成大成果，完成梅花湖、澎湖、台中活水湖三鐵，除夕煮出一桌十二道年菜……，最後考上文學所，出了第一本書《做自己，還是坐職升機》，在疫情期間和鋼琴老師合開小小的線上鋼琴發表會，彈奏的就是〈蕭邦夜曲Op. 9 No. 2〉。

直到二〇二二年重返職場之前，我才發現這些能構築真正的自己的興趣，讓我快樂，心靈滿足，也體會到與職場截然不同的人生。也因為勇於向醫師和心理諮商師求助，我更能面對脆弱、負面、不優秀的自己，學會不用名片和頭銜定義自我價值。丟掉名片之後所完成的事，成就了更圓滿和安定的自我。

當然，人生不可能就此找到最終的答案，達到智慧的彼岸，我還有許多需要學習、磨練、思索的事情，需要克服的心魔，但起碼我已經知道該怎麼做，只要看著遠方的目標，左腳移到右腳之前，右腳再移到左腳之前，我便已經一步一步地向前，速度不重要，只要正在移動，今天的我就比明天更進步一點。

至於尚未完成的四項目標：單車環島（還剩地獄東半部——墾丁—台東—花蓮—蘇澳）、橫渡日月潭（因為疫情，停辦了兩年）、練出六塊腹肌（太困難了！）以及削短髮……我想，髮型應該是最容易完成的，其餘的，留待漫漫人生，點滴圓夢吧！

鼓勵大家，躺平工作之餘，或許也可以找到適當時刻，拋開名片，思索自己的人生清單，開始一點一點的嘗試，到最後你會成就意想不到，卻更加精采的人生！

● 躺平權贏得心法：關於丟掉名片的心理準備——接受初始焦慮，列下人生清單，不排斥心理諮詢。

● 目標：用正面態度處理離開職場的失落感，重新設定人生方向，調整生活步調。

# 6 找個對象感恩奉獻，能讓工作心態更圓滿

在職場上拚搏大半輩子，二十幾載後，和之前的老戰友們相聚，聊的總是：「到底何時才能真正退場，夠了！」不再對未來抱有雄心壯志，也不再討論職場該如何拚搏，除了少數幾位真正在血液中流著企業家精神的人，期許自己和張忠謀一樣白髮蒼蒼仍能力震山河，大部分的同輩僅僅想著：「如果能像當兵一樣每天數饅頭，時間到了就退伍，該有多好！」

聊到這裡，問題就更多了。退！要存多少錢才能退？退了之後，是休養、休息，還是休克？退了之後，還能再重返跑道嗎？人說外商無善終，但台商也裁得兇，是要趁尚且耳聰目明之時，從企業出走，另尋第二人生；還是就如此尸位素餐，一日過一日，押下青春和年資，等待那終有一天到來的資遣費？這中間還要保證自己不犯天條、不犯小人，萬一被黑掉，連資遣費都沒有，只有免費紙箱跟保全相送。

講到這，常有人一拍桌，大嘆：「早知道當初去考公務員！」抬頭舉杯一飲而盡，大有「前不見古人，後不見來者。念天地之悠悠，獨愴然而涕下」之勢，完全忘記年輕初出茅廬時，我們有多麼地坐不住，無法容忍重複而制式的樣板工作。也完全忘記高普考沒有那麼好考啊！我一邊偷偷咕噥著，一邊對公職人員抱著無上崇高的敬意。

聖嚴法師曾經留下的智慧箴言：「不用牽掛過去，不必擔心未來，踏實於現在，就與過去和未來同在。」其實就是《金剛經》裡：「應無所住，而生其心」的一種最入世的解譯。很多時候，煩惱來自無所由的擔憂，無可為的後悔，不能將注意力放在當下，老是思前想後，無端端地，整個人就像被塞滿了棉絮，腦子又脹，心又紛亂。

我在做足了退休準備，考上文學所，專心於寫作之路，並出了第一本書之後，滿以為自己的人生就會以寫作收官，誰知計畫趕不上變化，「人類一思考，上帝就發笑」，家中種種狀況，需要我再重返職場，也只能摸摸鼻子，戴上鋼盔，穿好雨衣、雨鞋，再踏入江湖，在槍林彈雨、滿地泥濘中打滾。

剛回去上班，面對數字、老闆、業績、人事……，各種再熟悉不過，卻又更上一層樓的鳥事，深深懷疑自己真的業障重，上輩子不知道是詐騙取財、內線交易，還是融資跳票，害多少公司倒閉、員工失業、家破人亡，所以這輩子要不斷地為公司、為頭家、為蒼生解決問題。

每天回家卸妝、洗完澡，便毫無氣力，僅能躺平，連孩子們的聯絡簿都簽不動，拿起筆來猶如千斤重，最後只能對著他們說：「先去找爸爸！」理應找時間閱讀、寫作、運動、彈鋼琴，或和家人寒暄、關心孩子功課、和朋友聊聊，全都心有餘而力不足。

有一天，心情實在太過鬱悶，索性關上筆電和辦公室的門，提早下班去運動，大汗淋漓過後，聽著喜歡的音樂，踏著許久沒有的輕盈步伐回家。打開家門，發現兩個小孩坐在客廳，面有菜色，我才突然想起，今天先生一早說要加班，公婆也有事，我應該提早回家，幫孩子們做晚餐，抬頭一看，時鐘已指著晚間八點半，這兩個小孩下課後回家，活生生被餓了三個多鐘頭。方才輕鬆愉悅的心情一消而散，被罪惡感和焦慮籠罩的我，衝進廚房乒乒乓乓一陣，快速弄出兩碗麵條加蛋，切了兩盤蘋果，推到他們面前催促進食。

看著他們低頭猛扒麵，不知怎地，我將責怪自己的念頭轉成責怪他們。

「都長那麼大了，一個國中，一個國小，回家不會先找東西吃嗎？家裡可以吃的那麼多，就這樣呆呆等媽媽回來弄，萬一我加班更晚呢？」我當時一定是一種先發制人的惡人模樣。

平日寡言的姊姊說：「沒有很餓，我們知道妳一定會回來。」

連正值中年級叛逆期的弟弟，也沒有頂嘴，反而問了一句：「媽媽，妳吃了嗎？」

這時候我才想到，對，我還沒吃呢？剛剛怎麼忘了幫自己也煮一碗？孩子們不但沒有耍脾氣、鬧性子，反而以信任、關心回應我的情緒移轉，我實在不應該，也太幸運了。

那天晚上就寢前，我再拿出自己很喜歡的一本書——《最後一次相遇，我們只談喜悅》，裡面記錄著達賴喇嘛與屠圖主教的對談，整本書的中心思想，都圍繞著——感恩與付出，才能換取真正的喜悅。

我應當感謝上天，感謝機緣，讓我還能夠重返職場，以心力換取報酬，為家人付出，建築更好的生活。哪份工作沒有挑戰，哪個職位沒有難題？當自己身上還有能被「搾取」的東西，表示我還有剩餘價值，換個角度想，是好事！更何況，被榨又不是沒領到薪資，工作就是為了照顧家人，將目光放在家人身上，工作本身就鍍上了另一層神聖的意義。

轉念之後，隔天再去上班，我的感受大大轉變，不再覺得無法招架，沒有選擇、委屈，反而精神奕奕，來吧！再大的困難與挑戰，我都能迎接，畢竟也是混過江湖，菜雞變老鳥的資深經理人，拿出專業精神來，我的努力並不是白白輸出給這家公司而已，我是在奉獻給我的家人。

若你也常惶惶不安、忿忿不平，覺得工作吞噬掉你的時間與靈魂，每天都如喪屍一般打卡，數時間，但一時之間，無論在經濟或精神上，都還沒策劃好下一步，也可以學我一樣，找一個對象，不管是家人、愛人、親人、寵物，甚至收藏的石頭也行！想著現在的工作，能夠換取報酬，奉獻給他們是一種快樂，能為自身所愛帶來幸福，是多麼神聖榮耀的一件事。工作就只是一根竿子，撐著你躍出圓滿的拋物線，那麼或許你的心態會變得穩定、甘願，隔天再見江湖，人事紛擾都可一笑置之，反倒更順心順意。

● 躺平權贏得心法：關於工作心態——專注於感恩對象上，將工作報酬視為奉獻，等價交換互不相欠。

● 目標：將工作的意義延展到感恩與奉獻之上，能提升容忍度與心理韌性，助你度過職場低潮。

# 7 興趣要斜槓，工作要專一

自從「斜槓」兩個字出來之後，純粹上班族彷彿是最沒有出路的生物，每個人不搞個自媒體、做網紅、投資基金、額外接案或兼差，好像就沒有行情了。

當然，我可以理解這是一個多元的時代，職位的界線不像以往涇渭分明，每個人也應該學習多工領域，發展不一樣的技能。但這是在工作場合上，鼓勵大家跨出自己的城牆，整合各種技能，才更有達成專案目標的機會。在職涯的早期，我還是鼓勵職場新鮮人，專一於工作崗位上，努力贏得職場躺平權——累積專業技能（Performance），建立個人形象（Image），爭取曝光（Exposure）。

因為這時候，你若去做別的事情，並且當成收入來源，第一你會分心；第二對現在工作容易產生「疏離感」，覺得有也可以，沒有好像也無所謂；第三可能導致工作表現不彰，反而得不償失。你所賺取的兼職費用，與投入在現有職位而得到的未來升遷、發展、輪調機會相比，ROI非常低，可謂得不償失。

況且，很多公司其實在你入職的時候，拋給你的那一本厚到可以砸死人的員工手冊（相信你也沒有看），裡面其實會寫明，公司嚴禁業外工作或收入，被發現可以無條件開除你。當然，公司多半是睜一隻眼閉一隻眼，但是一旦想要把你搞走，這就是最好的理由，也是最容易抓到的把柄，公司一毛資遣費都不用付給你。

這不代表你除了正職的工作，什麼都不能做了。相反地，我鼓勵大家下班之後，可以去進修，或培養個人興趣，這些都是對目前的工作有所助益、對未來也極有價值的投資。

比方說，學習第二外語、學習樂器、參加在職專修班、參加講座、健身運動、禪坐瑜珈……，可以豐富內涵，提升素養，對身心健康也有益。

我們常常離開辦公室之後，還帶著工作上的煩惱和情緒回家，久久無法擺脫，導致回家後什麼都不能做，只能倒在沙發上看劇，或者不停地回LINE，始終沒有下班的感覺。這時候如果能花一些時間，轉換注意力到不同的領域，每天只要半個小時到一個小時，你就能成功脫離白天上班的「餘毒」，彷彿換了一副人生風景。

早年，我還在外商的高壓環境工作時，有個不好的習慣，縱使能夠準時離開辦公室，回到家後始終沒能將公事拋開，總是憂心忡忡，腦袋轉個不停，想著明天進辦公室第一件事該幹嘛。為了讓腦袋停止運轉，便開一瓶紅酒，邊喝邊看電影，讓自己放鬆（韓劇、美劇、日劇中，常看見這樣的愜意場景，下班喝一杯，再搭個起司火腿盤，感覺也挺雅痞的），但經常不知不覺中，自己一個人喝掉一瓶紅酒，隔天不但頭痛，久而久之，身體竟然變得浮腫又發胖。某天，在辦公室遇到從北京來出差，一段時間不見的老同事，他一看到我竟然說：「恭喜Elsa，又有了嗎？」當時忍了好大一把勁，才沒有對他人身傷害，回到家找出失蹤許久的磅秤，體重竟然直奔六十五公斤，的確是我當年懷孕六個月的體重！

後來，痛定思痛，下班後不管多累，就算只是去洗澡也好，也要到健身房一趟，稍微運動一下，擺脫上班時的千愁萬恨；除了運動，我也開始嘗試寫作，寫一些明知道只有自己才會看的短篇小說、散文。沒想到，這些積累，讓我日後曾經三次參加鐵人完賽（半程鐵人——游泳七百五十公尺、單車二十公里、跑步五公里），其中一次還是到澎湖參賽，在開放性水域海泳。日積月累下來的文章作品，雖然不怎麼樣，但後來報考文學所，也能集結成一本作品集，證明我有書寫的熱情與小小的能力。這些都是當年為了擺脫孕婦疑雲，也為下班後劃清界線，開拓人生，做出的努力與成果。

沒錯，下班很累，只想癱瘓在沙發上，但我一直鼓勵大家「上班要躺平，下班要努力」，因為下班後是你自己的生活，更值得經營，而這些斜槓發展的興趣或進修，雖然不能即時變現，但會在未來的某個時機，變成你全新的出發點，讓你奔馳在不同的人生跑道上。

● 躺平權贏得心法：關於斜槓——認清主要收入，找尋業外志趣，多方發展選擇。

● 目標：將人生選擇權握在自己手上，當前的工作是主要收入來源，必須專心穩固，但生活無限的可能性，也要多方探索。

# 8 一年不消費的挑戰，你也可以做到

曾經與好友，在相約喝咖啡時，聽見她悠悠地對我說：「我已經一年左右沒有消費了？」或許是看到我看著她食指繞過杯緣，小指微微輕扶杯身的狐疑眼神，她多加了一句：「飲食除外。」

Whew，那麼我就放心多了，飢餓也只有四十八小時，要一年不消費，除非是吃太空食物吧？

一年不消費，的確是一個新的生活實驗方式；我想起一本著名的暢銷書《過得還不錯的一年》，裡頭許多的獲得，原來都是來自於捨得；也使我起心動念，想要試試看時下最流行的斷捨離、極點主義、北歐性冷淡風（有這種風格嗎？）的生活方式。

到市立圖書館搜尋關鍵字「斷捨離」並預約相關叢書，出乎預料地比食譜還多呢！這世界上果然供給勝於需求，一大群人們都還在馬斯洛底端苦苦掙扎著。也讓我想起一部非常喜歡的電影《令人討厭的松子的一生》，如此美麗的中谷美紀，後來渾身襤褸，拖著疑似糖尿病而發腫的腳踝，擋住門口不讓人走進門口時，那家中囤積的物品，著著實實地嚇到我了！說是物品，不如說是她不願意放手的各種回憶，緊緊攢在手中，想要抓住一點被愛的感覺。

結果，借了八本左右的「斷捨離」主題叢書，看沒三本，我便磨刀霍霍向牛羊了！將自己沒穿過幾次的衣服（都太小，穿不下）、沒用過幾次的眼影（其實是眼睛太小，不適合），還有一堆企業制服，通通丟到社區的惜福區。過了三天，下樓倒垃圾，發現社區中閃閃發光惹人愛的阿嬤、外勞朋友們特別多，還特地為我們企業宣傳，真正知福感恩！

不久之後，我也發現了自己的陋習。那就是不分青紅皂白地亂丟一通後，連睡衣、睡褲都沒了，還得重買，而現在EC（電商）又往往要湊運，於是越買越多。什麼嘛，徹底本末倒置。

想起婆婆跟我說過，她當年在金門駐兵時（我婆婆是醫護官），曾經長達一年沒有買過任何新衣服。

我氣噗噗地回去問好友，不消費的一年，怎麼我消費更多更無用的事物？她雲淡風輕地說，那是因為你沒有搞清楚自己需要的、想要的及不必要的。

啊！原來斷捨離是一種衡量自我需求的思慮系統。同樣地，一年不消費，也是讓你檢視什麼東西已經重複購買太多。（舉例來說，我有大概一百件黑底白條的上衣，這是老夫子嗎？）

然後，我又再度被臉書的演算系統暗算，看了《哈佛大學推薦的20個快樂習慣》。但不得不說，二十個很齊全，但超過三個以上我就會忘光光。

1. 要學會感恩
2. 明智地選擇自己的朋友
3. 培養同情心
4. 不斷學習
5. 學會解決問題
6. 做你想做的事情
7. 活在當下
8. 要經常笑
9. 學會原諒
10. 要經常說謝謝
11. 學會深交
12. 守承諾
13. 冥想
14. 關注你在做的事情
15. 要樂觀
16. 無條件的愛
17. 不要放棄
18. 做最好的自己，然後放手
19. 好好照顧自己
20. 學會給予

研讀完整本書之後，金魚腦的我選擇了三個motto（座右銘），以此為晷，校正自己的人生，而且出乎意外地，這也跟當初自己想要追尋斷捨離的跟風不謀而立，人生最幸福的就是愚蠢的自己碰上正確的答案了，不是嗎？

1. **要學會感恩：**每天睡前，培養一種習慣——感恩並為身邊每一位親愛的朋友、家人祈禱，自然而然，心中的匱乏感會煙消雲散。而且，通常數不到第五位，你就已經深深入睡了，比數羊勁道更強！

2. **學會深交：**雖說交淺不言深，但總是會在職場，或是各種場域中，遇見與自己心靈相通的人。我自己的原則是，如果是同性，絕對深交，厚著臉皮求人給ＩＧ；但如果是異性，人生已經太複雜，能設限，還是牢牢架起拒馬吧！

3. **學會給予：**給予他人你相當喜愛但不再需要的東西，不僅對別人是一種捐助，對自我心靈的空間，也是一種恩賜。因此，雖然斷捨離的錯誤認知讓我越買越多，但也經此而審視自己喜愛和需要中間的那條鴻溝，是不是比馬里亞納海溝還深呢？如果將我不需要，但質量和設計都很好的東西，贈予有需求的他人，我自己是不是就是一名設計師呢？

一樁行動實驗實行至此，雖然當初的目的沒有百分之百達到，但也讓我領悟了箇中滋味。

我們如果想要過著快樂的下半場人生，或是第三、第四人生，與人建立正面、友善、互助的關係是必不可免的。不為什麼？人依賴群體生活。

我還依稀記得自己快樂地辭職一週後，突然面臨近一個月的睡眠失調，去看了北醫的身心精神科，醫師淡淡地說：「人就是群體的生物，脫離群體，常常感覺自己什麼都不是。」聽完這句話，我默默地去結帳領藥，然後開始上網尋找志工單位。

另外，你也可以試著打破貨幣制度，透過物易物的方式，與鄰居、家人、朋友交陪。有一陣子我常常做苦瓜鑲肉給婆婆吃，還有醃黃金蜆給父親，千里迢迢地跑去，一開始，當然得到一種「發生了什麼事嗎？」的驚慌表情，使我心中相當愧疚。但一次、兩次之後，我也得到了美味的滷豬腳，還有精心煎製的法式吐司。

有時候，父母不需要你的錢，但需要你與他們的交流，畢竟他們雖然沒有看著我們的背影撿橘子，幫我們收拾的爛尾也不算少數喔。

一年不消費的人生，只要勇於付出，所有人都可以做得到，而且能夠得到更多！

- 躺平權贏得心法：關於人生斷捨離——以感恩代替比較，交友求深不求廣，以給予換取滿足。
- 目標：節制欲望，清楚需要與想要的分別，過上輕鬆快樂的下半場人生。

# 9 職場延伸出來的友誼，受益達一生

我和阿容認識二十一年了。

當年我還在念研究所二年級，就進了某外商媒體公司，擔任企劃（依照慣例，我都是在一年內把所有學分修完，然後第二年開始寫論文和做自己的事），其實這才是我的第一份正職工作，雖然才短短一年，之後我就去了藍色城堡。

Buyer阿容和Planner小溫是負責帶我的前輩，不但傾囊相授專業技能，連辦公室裡的各種眉角和八卦，都幫我惡補的清清楚楚，有時候也會挺身而出，叫老鳥不要欺負我，叫老闆不要煩我。

我好像加入了什麼很有勢力的幫派，都不用怕被欺負，還不用繳保護費。

阿容曾經對著還不認識，就拿喜帖炸我的老鳥罵：「×××，你有沒有良心啊，人家才剛進公司一個星期，你知道她叫什麼名字嗎？」

小溫不僅教會我怎麼使用Excel，還時常勸告我把兩萬七千元的薪水多摳下來給自己，不要一半都給郭媽媽。

我還記得小溫在教我拉公式的時候，手殘的我怎麼拉都不對，她大聲教訓：「怎麼回事，啊，你不是台大的嗎？」（結果我自己笑出來。）

我更懷念每天中午，和她們一起吃飯、聊天、講幹話的時光，回憶起小南村，也是散發著溫暖黃光的情境。

對了，這兩位前輩讓我了解，原來辦公室是可以大聲罵三字經的地方，她們常常接起電話時，聲調是異常和煦、親切有禮，掛上電話的瞬間，開始幹譙：「林老師咧，客戶了不起，甲賽！」堪比四川名技變臉。我還記得她們常常在我被客戶噹之後，鼓勵我罵髒話，宣洩心中的情緒，真的罵出來以後，也沒什麼委屈了（而且後來Motorola 也倒了，oops）。

雖然才短短一年時光，印象中我似乎也曾換過好幾任主管，其中一任，人稱媒體界千年老妖，向上管理技能直達天聽，但她的祕訣就是踩著下屬屍骨塚往上爬，鐵打的考績，流水的菜鳥，是她行事多年的原則，上級要的東西，再不合理，都絕對做得出來，至於怎麼做出來，就是要下頭年輕純真、肝腎功能健康的部屬們，賣血噴汗，背上駝著一塊塊大石頭，也要堆出金字塔來。

大家叫她J姊，但第一天我看到她，就想叫她J姨，真的很像過年返鄉，親戚群中隨便一抓一堆的姑嬸姨媽們；不僅脂粉未施，還穿著菜市場才賣的媽媽式洋裝，正當我親切之情油然而生時，看見她一併提進來的細軟，不禁倒抽一口氣——Honeywell專業及空氣清淨機、折疊式躺椅、工業級電扇、藍光LED檯燈以及電競級座椅，還自備電動腰部按摩器，真正有夠「靠腰」。

阿容和小溫隨即靠過來告訴我：「妹妹，可以開始找工作了。」鐵齒的我，不相信，我說：「沒人可以把我從你們身邊逼走。」

不由得我不信啊！

早上我一來，J姨就在位子上（她有自己的辦公室，但堅持要與我同坐），笑眼瞇瞇的問我早安，「年輕人就是睡得比較好。」我抬頭看，才早上八點半，然後倒給我一堆合利他命B、一堆未整理的收視率與觸及率數字，我彷彿FBI解碼專家，要幫她解謎，早上十點之前要完成交件。

中午，小溫和阿容來找我吃飯，Ｊ姨拿出自製便當：「我幫Elsa多做了一份，出去吃飯浪費時間又不衛生。」於是我默默坐下，啃著奇怪的素香菇肉捲，繼續盯著螢幕，其實也沒什麼事情做，但Ｊ姨喜歡一叫我，旁邊就有回應。

下班了，同事們紛紛離開，小溫和阿容在門口對我嘶嘶叫，用簡單明瞭的手勢表達「都什麼時候了，快閃人，ＴＭＤ別管她」，但Ｊ姨還在對我滔滔不絕，傳授媒體界制敵攻心大法，最絕的是，客戶明明刪除的預算，她要我再編一套企劃。我問：「那我們是要再提案一次嗎？」虛空大師回答：「不，這是我們的練習，下次如果有同樣預算的客戶，就知道怎麼提案。」然後遞上一杯高山烏龍茶。

每天，我都在合利他命Ｂ、素香菇肉捲和高山烏龍茶中，度過我的人生。

我聽從小溫和阿容的話，偷偷的去應徵藍色城堡，一舉成功之後，不得不回來面對Ｊ姨，提出辭呈，我挺起胸膛說出藍色城堡的全名，希望一舉震飛她這個愛靠腰的老妖。

J姨面帶平靜的說：「喔，去客戶端啊？」然後起身離開座位。回來的時候，依然帶回一杯高山烏龍茶。有沒有搞錯，是因為我剛剛拿辭呈砸了您的天靈蓋，腦筋不清楚嗎？今晚還要加班？

「我做乙方三十幾年了，只要搞定客戶就好，你去了甲方，要搞定的是整個宇宙。」的確，這也是這本書的經脈所在，垂直平行，主流邊緣，管理行政，方方面面三百六十度都得搞定。J姨果然是深藏不露的包租婆，不是不獅吼，是怕嘈雜麻煩啊。

我離開的那一天，小溫和阿容自然十八相送，但出乎意料，J姨也追出來，送給我一個天秤座的馬克杯，上面寫滿了天秤座的特質：Diplomatic（處事圓滑）、Sociable（善於交際），最大的一行字竟然是Indecisive（優柔寡斷）。

J姨對我說，既然決定去了，就要幹到最高層，將來，讓我來搞定你。

離開那間媒體公司二十一年後，我再度和阿容相見。中間，我們一直在臉書上保持聯繫，也曾經出來敘舊，但次數寥寥可數，不過，當我們重聚，卻絲毫沒有擋在兩人中間的似水流年，悠悠光陰，過去溫暖而互罩的往事歷歷在目，她說，小溫人在國外，但是很掛心你，一直要我有空就找你出來聊天。

我們也聊到J姨，她對我說的最後一句話，實現了一半，我的確在客戶端幹到管理高層，卻再也沒在江湖上遇到她，心中隱隱有著遺憾。當年她伺候我的三寶——維他命、素食、茶酚，為我帶來磨練與職場所需的養分，讓我一進入藍色城堡，就能以做小伏低之姿，匍匐爬出一條血路。

臨走前，阿容依然不斷叮嚀著我，有什麼事，想聊、想說都可以找她，隨時一通LINE都能找到人。

日日在辦公室內撕殺打鬥的你，若是倦了，試試看改變心態，付出關心給身邊的戰友，提攜後進，職場上遇見的每件事情都是歷程，每個曾經為難你的主管、每個同事都是過客，惟有學習、情誼、回憶，是我們能夠擁抱一生的資產。

● 躺平權贏得心法：關於人脈資產——抱持開放心態，付出真誠關心，離開職場衍生情誼更自由。

● 目標：從職場帶走不僅經驗、資歷或勞病，也能獲得受益一生的人脈資產。

# 10 請好好了解自己，想躺平，別小看「舒適圈」的重要性

走進書店的心靈勵志或企業管理區，時常看見教人跳脫「舒適圈」（Comfort Zone）的書籍，和之前流行的「斷捨離」、「慢活」潮流一樣，看久了，你會有種錯覺，人應該不需要舒適，舒適就會溫水煮青蛙，舒適就會被淘汰，舒適就該死！

但人類在演化的過程中，本來就在不停地尋求舒適，從狩獵、採集到農耕，從游牧到定居，從叢林到文明，我們都在尋找一個最適合自己的生活方式。跳脫舒適圈的立意是好的，但僅能選擇性的、策略性地使力，若是全面將自己拔除原生環境，不僅違反本性，也會有被各式衝突與不適應的壓力狂瀾淹沒之虞。「學如逆水行舟，不進則退」、「逆水行舟用力撐，一篙鬆勁退千尋」這樣的名言佳句，拿來寫寫作文、交交卷可以，真要奉為人生圭臬，這一

生不知該活得如何辛酸，也難怪現代人在職場壓力下衍生出各種心理疾病。

本書通篇的主旨，都在於和大家分享如何在最舒適的狀況下，交出事業上，令自己滿意的成績單。

只要有了專業表現（Performance）、精采人設（Image）、適時曝光（Exposure），在職場上很難不被看見，而這三個因素，都可以在自己感到最安全舒適的狀況下，被合理安排。

我一直強調「自己」二字，也帶出能夠贏得職場躺平權，及職涯平順的最大成功要素——請花費足夠的時間和精力，好好了解自己。

比方說，我一直以為自己喜愛高頻率、高強度的跨國企業環境，也或許在初入職場的當時，的確如此；但漸次步入婚姻、家庭、中年之後，頻繁的出差與夜間跨時區會議，帶給我比工作本身更大的壓力。原本喜愛出差、新奇的環境，到了酒店能倒頭就睡的體質改變了，有時不僅難以入眠，甚至時常對酒店裡的地毯過敏，皮膚長出大片的蕁麻疹。

又或者，我一直誤會自己不服輸、好強、討厭失敗的性格，等同於喜歡競爭與不畏他人眼光，所以每次在選擇公司與職位時，總是一口承擔難度最高的任務。但其實天秤座喜愛和平、為人鄉愿的個性深植於我的內在，辦公室裡過多的爭吵擾嚷、人事鬥爭，經常讓我徹夜輾轉難眠，想著如何讓每個人都能開心，別顧了A失了B，但這在現實生活中根本是不可能的事。

有的時候，我們不僅一開始就不了解自己，還一路忽略生活中的變動，早早讓自己發生轉變，常常誤會自己還是從前的自己，事實上已經是一個完全不同的人，以致營造出最不適合自己的環境。

如何算是真正了解自己？要經常自我叩問以下三個問題：

1. **我的沸點（熱情）在哪裡？**什麼樣的任務、環境，會讓你的熱情和興趣持久不墜？每天都迫不及待能早點開始做這樣的事情，越做越開心，就像滾開的水一樣，熱度不斷上升，還能持續正向回饋，為自己帶來更多能量。

對我來說，是有創造力、能為身邊人帶來幸福與進步的工作，比方說在星巴克工作時，我能感受到周遭的人對咖啡的熱愛，於是我做的每一項創新研發計畫、行銷策略，都在為世界帶來新意，每天都期待更早一點到辦公室，聞到熟悉又溫暖的咖啡香。

**2. 我的冰點（忌諱）在哪裡？**猶如一段交往關係，什麼樣的事，會讓你決意分手，畫下句點？有些人說薪水沒發，有些人說是辦公室性騷擾……，這些當然都是非常外顯而具決斷性的因素，也許對大數人而言，想都不用想，但其實每個人心中都有一塊「軟土」，無法容忍被人深掘，那個因素只有自己知道。

與其等到地雷被觸動，一爆發不可收拾，不如一開始就設下停損點，一旦聞到氣味不祥，就趕緊趨吉避凶。以我為例，我無法容忍的是公私不分，在某任公司，曾經敬愛的上司經常不分早晚、假日私訊向我抱怨，甚至轉嫁工作情緒到我身上，只因覺得我是她的人馬，這就讓我心中警鐘大響，不到三個月就辭職轉身走人。

老實說，人一生中，老媽子一個就好，沒必要長大成人出外工作，還在外頭找一堆後母，日日施以長輩式心理套索，給我再多的錢也不幹。

3. **我的常溫（舒適持久）在哪裡？**人生不可能總在冰火五重天中度過，時而沸點，時而冰點，這樣下來，再多爾康、瓊瑤、馬景濤都會累。如果能夠做得順，做得久，要找的是一份本質上能激發熱情，帶給你溫暖，不帶冰點，但也不會一直消耗你，讓人燃燒殆盡的工作。一旦找到這樣的職位，就要拿出最好的做ＰＩＥ技能，長長久久地霸住崗位，站穩、站好，不輕易離開。

當前世代，早已跳脫六十五歲標準退休年齡的思維，甚至因為平均預期壽命不斷延長，少子化加上高齡化，我們很快就和日本社會一樣，七、八十歲還在工作的大有人在，不再存在「退休年齡」四字。因此，「找到」舒適圈，遠比「跳脫」舒適圈重要，祕訣無多，僅僅是了解自己，抓緊ＰＩＥ口訣，做出最適合自己的選擇而已。

● 躺平權贏得心法：關於舒適圈——認清熱情所在，設下停損點，尋找永續性。

● 目標：找到舒適圈，適才、適性何必強離，發展職場永續性，才能依自主意志，掌控退休時機。

結語

# 二十幾載武林闖蕩，化為四十五招無私相授

在寫此書的時候，我就抱定主意，和我前一本書《做自己，還是坐職升機》有所區隔，不再以鼓勵職場升遷為主要目的，而要讓同在職海浮沉的勞苦同胞們，知道世界上每個人都有「職場躺平權」，只要抓對方式就能實現！

不可諱言，在我的職場前半段，時時刻刻處心積慮，想的都是如何以最快時間，最短路徑，不停超車爬上頂端。當時滿心想的都是：「升遷」、「外派」、「成功」，把公司的事當作家裡的事，家裡的事當作別人的事，而自己的事？那根本不是事兒……最後有段時間，當真焚膏繼晷，蠟燭兩頭燒，很快就迷失自我，燭中的那股芯蕊，和我的官運一樣，風風火火熱熱烈烈，燭火正盛的那一刻，燭芯也就燒完了。

因此在職場後半段，我常在反省，工作當然是人生必要的元素之一，但如何不要將自己燃燒殆盡，崩弓斷絃，一定有其法門，只是從來沒人敢說敢教而已。（市面上哪本職場書教你躺平？）他日若我能整理出這些法門，寫成一本「躺平四十五式」祕笈，將必得無私分享，使苦海大眾早日出脫，廣披福澤。

這些「自創武功」招式，皆來自真實體驗，而且大部分是失敗的體驗，當然不能全靠自己（那該多慘烈），有些是靠著其他前輩身先士卒，為後進捐軀，而習得的避雷技能。職場就是天坑，前人踩坑，後人才能知道如何避坑，到了職場後半段，我才知道「失敗是最好的老師」，不管自己的和別人的敗戰都是。

現在的我，多方發展，沒有固定的頭銜。職場於我已無實形，只是一個概念，可進可出的場域，隨心操之在己。並非本人實力堅強，每間公司搶著要，事實上，越步入人生後半段，能再度進入企業的機會越少。哪家公司不想要新鮮的肉體，鮮紅無脂肪的肝臟來奉獻血汗心力？我對自己說，不一定要再踏入企業，但世界上還有很多前半生看來「無用之事」，可以經營，自得其樂，甚至做出貢獻。能有這種豁達心態，除了自我調適，也多靠本書的四十五招，為我贏得人生後半段的「躺平權」。

衷心希望此書有幸能幫助讀者您，為人生做出一盤好派（PIE）——P（performance 表現）、I（image專業形象）、E（exposure適時曝光），事事順心，處處靈光，不管在工作或生活中，都能躺平，自在，做自己。

二〇二三夏，郭艾珊筆。

郭艾珊
Elsa Kuo

VW00049

# 45招贏得職場躺平權：
## 專業表現不失手，個人形象人設佳，適時曝光求關注

作　　者—郭艾珊
主　　編—林潔欣
企劃主任—王綾翊
校　　對—張棠紅
美術設計—江儀玲
內頁排版—游淑萍

第五編輯部總監—梁芳春
董 事 長—趙政岷
出 版 者—時報文化出版企業股份有限公司
108019 臺北市和平西路 3 段 240 號 3 樓
發行專線—（02）2306-6842
讀者服務專線—0800-231-705・（02）2304-7103
讀者服務傳真—（02）2306-6842
郵撥—19344724　時報文化出版公司
信箱—10899 臺北華江橋郵局第 99 信箱
時報悅讀網—http://www.readingtimes.com.tw
法律顧問—理律法律事務所　陳長文律師、李念祖律師
印　　刷—勁達印刷股份有限公司
一版一刷—2023 年 8 月 4 日
定　　價—新臺幣 380 元
（缺頁或破損的書，請寄回更換）

時報文化出版公司成立於一九七五年，
並於一九九九年股票上櫃公開發行，於二〇〇八年脫離中時集團非屬旺中，
以「尊重智慧與創意的文化事業」為信念。

45招贏得職場躺平權：專業表現不失手，個人形象人設佳，適時曝光求關注／郭艾珊著 . -- 一版. -- 臺北市：時報文化出版企業股份有限公司, 2023.08
面；公分. -

ISBN　978-626-374-081-5（平裝）
1.CST: 職場成功法
494.35　　112010997

ISBN　978-626-374-081-5
Printed in Taiwan